거짓을 간파하는 통계학

USO WO MIYABURU TOUKEIGAKU
ⓒ Masahiro Kaminaga 2011
All rights reserved.
Original Japanese edition published by KODANSHA LTD.
Korean translation rights arranged with KODANSHA LTD.
through Shin Won Agency Co.

이 책의 한국어판 저작권은 신원에이전시를 통한 KODANSHA와의 독점계약으로 윤출판이 소유합니다. 저작권법에 의하여 한국 내에서 보호를 받는 저작물이므로 무단전재와 복제를 금합니다.

통계 콤플렉스를 날려주는 유쾌한 강의!

거짓을 간파하는 통계학

가미나가 마사히로 지음
서영덕 · 조민영 옮김

윤춘판

추천의 글

아직도 통계를 사용하거나 읽으려면 조심스럽습니다. 통계를 업으로 삼고 살아온 저도 이러한데, 현재 배우고 있거나, 전문적으로 공부하지 않은 사람이 통계를 어렵게 생각하는 것은 자연스러운 일이라고 생각합니다.

수식이나 그래프는 둘째 치고, 많은 개념과 용어들, 하필이면 '통계'라는 글자까지 이렇게 딱딱하게 생겼을까요?

그러나 통계는 우리 생활 깊숙하게 자리 잡고 있습니다. 거의 매일 중계하는 프로야구는 통계가 없으면 어떻게 중계할까 하는 생각이 들 정도이고, 각종 선거의 예측 조사와 출구조사는 국민들의 주요 화제이기도 합니다.

정부의 예산과 정책은 통계를 기초로 수립합니다. 5년마다 실시하는 인구센서스뿐 아니라 수많은 조사를 하여, 국민 생활의 현재와 미래를 확인하고 예측합니다.

 기업 역시 마케팅 조사를 통해 제품의 개발과 생산·판매를 관리하고, 고객의 반응을 듣고 있습니다. 과학과 의학 등 우리 사회 거의 모든 분야에서 통계는 필수적인 요소입니다.

 통계는 우리 몸의 뼈와 근육, 혈관을 제어하는 뇌의 어느 부분같이, 단순한 도구가 아니라 시스템으로 자리 잡고 있습니다.

 통계를 이용하면 복잡한 사실을 한마디로 요약해서 말할 수 있습니다. 눈에 보이지 않는 관계를 알려주고, 의사결정을 쉽게 할 수 있습니다. 통계의 쓰임은 갈수록 커지고 있습니다.

 이렇게 좋은 통계는 왜 어려울까요? 저도 처음 공부할 때 무척 어렵게 공부한 기억이 있습니다. 통계학은 개념이 많고 복잡합니다. 요즈음은 프로그램이 많이 발달해서 돌리기는 쉬우나, 어떤 때 어떠한 기법을 사용할지 헷갈리기에 십상입니다. 프로그램은 손쉽게 답을 내주지만, 이건 왜 이렇게 나오는지 답답할 때가 한두 번이 아녔습니다.

 제가 공부할 때, 이 책이 있었으면 얼마나 좋았을까요? 기본적인 개념부터 검정하는 방법까지 재미있게 설명합니다. 슬슬 농담으로 시작해서, 사례와 해설로 풀어가는 솜씨가 보통이 아닙니다. 표준편차와 평균편차의 차이를 설명하는 부분에서는 저도 모르게 무릎을 쳤습니다.

 '이게 이런 뜻이었구나?', '이렇게 쓰기도 하는구나.' 흐릿하게 알고 있던 개념을 눈앞에 그림을 보여주듯이 설명하고, 다양한 사례는 오랫동안 기억에 남을 것 같습니다.

  통계학을 공부하는 분들은 이 책을 먼저 보세요. 전문서적이 훨씬 쉽게 다가옵니다. 통계를 돌리는 방법은 없어도, 어떤 프로그램을 쓰면 좋을지 생각의 순서를 정해줍니다.

  통계를 이용한 자료나 보고서를 보는 분들은 자료를 쉽게 이해하고, 활용할 수 있습니다. 무언가 새로운 아이디어를 찾을 수도 있습니다.

  저자의 말대로, 사람 사는 곳곳에 통계가 있습니다. 많은 사람이 통계의 즐거움을 알고, 통계 사고력을 키워서 참과 거짓을 밝힐 수 있기 바랍니다.

현대리서치연구소 대표
이상경

> **모아** 안녕하세요, 모아입니다. 마징가 대학교에서 경제학을 배우고 있어요. 지금 2학년에 재학 중이고, 맥주연구부라는 동아리에서 활동하고 있어요.
>
> **소로스** 안녕하세요. 저는 소로스, 모아의 아버지입니다. 국립대학교 공학부에서 통계를 가르치고 있습니다. 전공은 수학, 취미로 금융공학을 응용해서 주식투자를 하고 있습니다. 잘 부탁합니다.
>
> **모아** 아빠, 통계 강의는 너무 지루해. 어떻게 안될까?
>
> **소로스** 강의라는 게 다소 지루한 건 어쩔 수 없지. 영화처럼 숨도 못 쉴 정도로 재미있을 수는 없잖아.
>
> **모아** 그 정도까지는 기대하지도 않지만, 도대체 무엇을 위해 공부하는지 정도는 알고 싶어. ○○검정이나 ××추정 같은 것이 나오면 시험 전에 무조건 외우지만, 허무하다고나 할까…….

소로스 무엇을 위해 공부하는지 정도는 강의 중에 설명했을 텐데.

모아 그게, 결국에 계산 얘기로 빠져서.

소로스 맞아, 나도 잘 그래. 그럼 강의와 함께 입문서를 읽으면 되지 않을까? 많이 나와 있잖아.

모아 『통계학 입문』 같은 책? 그것도 어려워. 강의랑 똑같아.

소로스 그러면 『통계로 거짓말하는 법』 같은 책은 어때? 꽤 도움이 될 것 같은데.

모아 확실히 재미있기는 한데, 그런 책의 내용과 실제 통계학 입문 사이에는 깊은 골짜기가 있어.

소로스 그럴 것 같기도 하네. 수학자 처지에서 보면 그 사이가 가장 설명하기 어려워. 제대로 설명하려면 수식을 써야 하고, 수식을 쓰자니 이해하기 어려워지고…….

모아 그런데 우리는 진짜 '그 사이'가 필요해.

소로스 통계를 사용하려고 하는 것이면, 소프트웨어도 발달해 있으니 『엑셀로 배우는 통계』 같은 책을 보면서 해보면 어떨까?

모아 물론 리포트 쓸 때는 그렇게 하지. 그런데 뭔가 찜찜하단 말이야. 아무것도 모르는 채로 답만 나오니까.

소로스 계산의 원리는 어쩔 수 없어, 수학이 필요해.

모아 수학은 너무 어려워. 특히 미분, 적분이 나오면 미칠 것 같아. 우린 고등학교 때 미적분 안 배웠단 말이야.

소로스 하하. 뭐 그런 사람이 대부분이지.

모아 그래서 그냥 외워버려, 통째로.

소로스 교육이란 게 참 어렵구나.

모아 계산을 전부 따라가지는 못해도, 의미를 이해해서 머리에 넣고 싶어. 단순한 입문서나 통계 토막이야기 같은 책이 아니라, 읽기만 해도 통계의 개념이나 센스를 익힐 수 있는 그런 책!

소로스 그러면 계산은 그렇다 치더라도 수학의 핵심만큼은 전해 줘야 하겠네. 왜 이런 것을 하는지, 왜 그런 수식이 나오는지. 그리고 실제 현상에 대해서 잡학 다식한 것도 뜻밖에 도움이 돼. 통계는 응용해보면 훨씬 재미있거든. 통계학을 어떤 분야에 적용하고 있는지, 어떤 부분은 아직 모르고 있는지, 이런 이야기도 있으면 좋겠지.

모아 아빠가 그런 이야기를 해줘.

소로스 도전할 가치가 있네. 한번 해보지 뭐.

모아 잘 부탁하겠습니다.

목차

- 추천의 글   5
- 들어가며   8

1부 통계 뒤에 숨겨진 이야기

1장 보너스가 많은 회사를 노려라?   18
- 평균의 이면   21
- 극단값   22
- 1,000만원 따위는 푼돈?   24

2장 잘못된 학부 선택   27
- 숨겨진 정보   31
- 함부로 묶으면 위험!   32
- 고령 출산의 위험   34

3장 어느 쪽이 실전에 더 강할까?   37
- 편차를 측정하려면   39
- 평균편차 · 표준편차 · 분산   41
- 왜 표준편차를 사용할까?   42
- 때로는 도움이 되는 평균편차   44

4장 수학으로 뽑아요?   46
- 산포도   50
- 다양한 상관관계   51
- 남자가 살이 찌면 여자는 빠진다?   55

5장 합격, 불합격을 추정한다 — 57

- 분포가 도출되는 메커니즘 — 64
- 이항분포에서 정규분포로 — 66
- 합격 여부를 가르는 능선 — 68
- 구간 추정과 오차 — 70
- 정규분포가 맞는지 — 73

6장 주식투자 사기 사건 — 76

- 분산투자란 — 81
- 노벨상 수상자의 머릿속 — 82
- 분산으로 분산을 줄인다 — 83
- 효율적 프론티어 — 85
- 너무 좋은 말은 조심 — 87

2부 숨겨진 **관계**를 **밝혀**내다

7장 맥주연구부는 B형 왕국? — 90

- 귀무가설 — 96
- 관측도수와 기대도수 — 97
- 우리는 다른 걸까? — 98
- 카이제곱의 파트너 자유도 — 100
- P값은 커피 — 102
- 5%의 기준 — 104
- 혈액형별 성격 진단을 믿습니까? — 105

8장 어른들의 비밀 — 107

- 다시 카이제곱검정 — 111
- 정상과 비정상을 구분 짓는 것 — 113
- 교정 전후의 차이 — 115

9장 고기로 승부한다　　　　　　　　　　118
- 뜻밖의 관계 밝혀내기 – 회귀직선　　122
- R^2값　　124
- 허울뿐인 관계　　125
- 다중회귀분석　　126

10장 장수하는 나라　　　　　　　　　　128
- 직선이 아닌 관계를 분석하다　　130
- 직선회귀에 맞지 않는 경우　　131
- BMI의 기원　　134
- 열심히 하지 않는 것이 더 이득?　　135
- 뜻밖에 몸에 좋은 것　　137

11장 남자와 여자의 갈림길　　　　　　　138
- 물 흐르듯이　　143
- 분포와 검정　　144
- 맥주를 맛있게 한 t검정　　147
- 일단 해보세요　　148

3부 통계의 심오한 세계

12장 사람들은 이야깃거리를 찾는다　　　152
- 포아송분포　　157
- 말에 차여 죽은 병사의 숫자　　159
- 사건은 계속된다　　160
- 고객센터의 효율화　　162
- 대기행렬이론　　164
- 효율적인 서비스 처리　　166

13장 서민의 세계   169
- 일본인의 소득분포   171
- 로그정규분포   172
- 꼬박꼬박 저축하는 사람들   175

14장 부자의 세계   178
- 멱함수분포   180
- 승부를 거는 사람들   182
- 브레이크 없는 F1 레이스   184

15장 주가분석은 취급 주의   187
- 시세변동의 법칙   191
- 주가의 분포는   191
- 시장에 숨어있는 악마의 정체   193
- 블랙 먼데이도 예상 범위 안   196
- 시어핀스키 삼각형   198

16장 세계기록은 어디까지 경신될까?   201
- 꼬리를 잡아라!   203
- 트리니티 정리   205
- 예측 가능한 일, 불가능한 일   208
- 와이불 분포의 예언   210

17장 세계는 나눌 수 없다   212
- 금융위기의 음모   217
- 산불의 혜택 – 반비례 법칙   219
- 작은 세상   221
- 새로운 시대   225

1부

통계 뒤에 숨겨진 이야기

1부에서는 통계학에 필요한 기본적인 사항에 대해서 살펴보겠습니다. 평균, 중앙값, 발표된 데이터를 읽고 해석하는 방법, 분산과 표준편차, 정규분포 등입니다. 알기 쉬운 예와 연관된 지식을 가지고 풀어보겠습니다. 통계학 교과서에서 암기해야 하는 지식의 뒤에는 심오한 이야기가 숨겨져 있습니다.

1장 보너스가 많은 회사를 노려라?

국립대학교에서 통계를 가르치는 소로스, 아내 히로미와 대학교 2학년인 딸 모아, 2명의 가족이 있다. 소로스가 집으로 들어오니 모아가 숨을 헐떡이며 계단을 뛰어 내려온다.

모아 아빠, 샐러리맨 브라더스 정말 대단한 것 같아. 글쎄 보너스 평균이 7,000만 엔(약 7억 원)이래. 보너스만 해도 아빠 연봉의 몇 배? 한 8배쯤 되나?

소로스 그렇게 구체적으로 비교할 것까지는 없잖아. 대학교수 연봉은 너무 잘 알려졌다니까…….

모아 평균의 반만 받아도 3,500만 엔이야. 좋겠다, 샐러리맨 브라더스.

소로스 회사 이름이 좀 그렇지 않나? 샐러리맨 형제라니, 돈을 많이 벌 수 있는 이름은 아닌 것 같은데.

모아 아니야, 샐러리맨 두 형제가 힘을 합쳐서 만든 회사인데, 굉장한 기세로 성장해서 지금은 취업 인기 순위 1위야. 진짜 나도 지원해 볼까?

소로스 안 하는 게 좋을걸.

모아 그렇지만 7,000만 엔이라는 소리를 들으니 끌리는걸. 이건 보너스일 뿐이고, 기본급 등을 합치면 1억 엔은 가볍게 넘길걸? 연봉이 1억 엔이라니 대단하잖아.

소로스 그렇게 못 받을 거야, 아마.

모아 못 받아도 반은 받겠지.

소로스 반도 못 받을걸? 그건 '평균'일 뿐이잖아.

모아 평균이라고 하는 건, 사원 중 절반이 보너스 7,000만 엔 이상이라는 뜻이잖아.

소로스 아니, 전혀 그렇지 않아.

모아 왜? 직원들 연봉은 모두 평균 근처에 흩어져 있는 거잖아. 그 정도는 나도 알고 있어, 경제학 전공이라고.

소로스 샐러리맨 브라더스 같은 투자회사는 그렇지 않아. 트레이더 같은 직업은 성과급제라서 보너스가 굉장히 높은 편이야. 10억 엔을 벌어들이면 그중 50%인 5억 엔이 보너스가 되는 식이지.

모아 좋잖아. 지금 예로 든 경우는 7,000만 엔보다 많이 버는 거잖아.

소로스   아니 내 말은, 그런 사람이 몇 명 안 되더라도, 평균 보너스 금액이 굉장히 커진다는 거야.

모아   그런가?

소로스   사원이 10명 있을 때, 9명의 보너스가 각각 100만 엔이고, 한 명만 7억 엔을 받는다면 어떻게 될까? 10명의 보너스를 평균하면 대충 7,000만 엔이 되지? 평균이라는 게 그런 거야.

모아   너무 극단적인 사례 아냐?

소로스 이건 극단적인 예이긴 하지만 실제로 이런 세계야. 일찍이 천재 트레이더라 불리었던 래리 힐리브랜드라는 사람은 전성기에 평균 수입이 30억 엔이었다니까. 그러니 평균만 봐서는 알 수가 없지. 현실과 다를 가능성이 커. 대다수 사원은 7,000만 엔과는 동떨어진 금액밖에 받지 못할 거야.

모아 실태는 어떻게 알 수 있어?

소로스 보너스의 경우에는, 100만 엔 단위로 그 금액을 받는 사람이 몇 명(몇 %) 있는지를 봐. 아까 내가 든 예로 보면, 100만 엔이 9명, 7억 엔이 1명이라는 사실을 알아야지. 즉 보너스의 분포를 봐야 해. 평균과 같은 하나의 수치에 억지로 집어넣으면 오해를 불러일으키지. 평균을 악용하는 놈은 끊이지 않아.

모아 그렇구나. 그렇지만 돈을 많이 벌 가능성은 있는 거지?

소로스 물론, 가능성이야 언제나 있지. 모험하지 않으면 당첨도 안 되는 거잖아.

▌평균의 이면

평균은 학교에서 비교적 일찍부터 배우기 때문에 잘 안다고 여기지만, 실은 오해하기 쉬운 개념입니다.

통계학을 잘 모르는 사람도 평균은 잘 알고 있을 것입니다. 평균 점수, 평균 키 등에서 친숙하게 사용하고 있지만, 돈과 관련해서는 여러 가지 오해를 하기 쉽습니다. 이번 일화에서도 극단적으로 많이 버는 소수가 전체 평균을 크게 높여버리는 예가 나옵니다.

평균은 데이터를 설명하는 특징 중 하나이며 매우 유용한 개념입니다. 평균 키를 예로 들면, 많은 사람의 키가 평균 근처라는 것을 알 수 있습니다. 2미터가 넘는 사람도, 반대로 1미터도 안 되는 극단적으로 작은 사람도 매우 적습니다.

극단값

하지만 항상 예외가 있는 법입니다.

현재 기네스북에 기록되어 있는 가장 키가 큰 사람은 로버트 웨이드로우라는 미국인 남자입니다. 그는 성인이 된 이후에도 계속 성장하여 사망 당시에는 272cm(체중은 약 200kg)였습니다. 이렇게 크게 된 것은 뇌하수체에 종양이 생겨 성장호르몬의 분비가 이상해졌기 때문이라고 합니다.

통계적으로는 이러한 예를 '극단값(혹은 이상치)'이라고 합니다. 통계학에서는 이처럼 극단적인 값 즉, '극단값'을 예외로 간주하여 데이터 분석에서 제외하는 경우도 있습니다.

극단값에 의해 전체의 평균이 높아지는 전형적인 예를 살펴보겠습니다.

세계 최대의 보험회사인 AIG(American International Group)는 2009년 3월 간부 사원 400명에게 총 1억 6500만 달러(당시 환율로

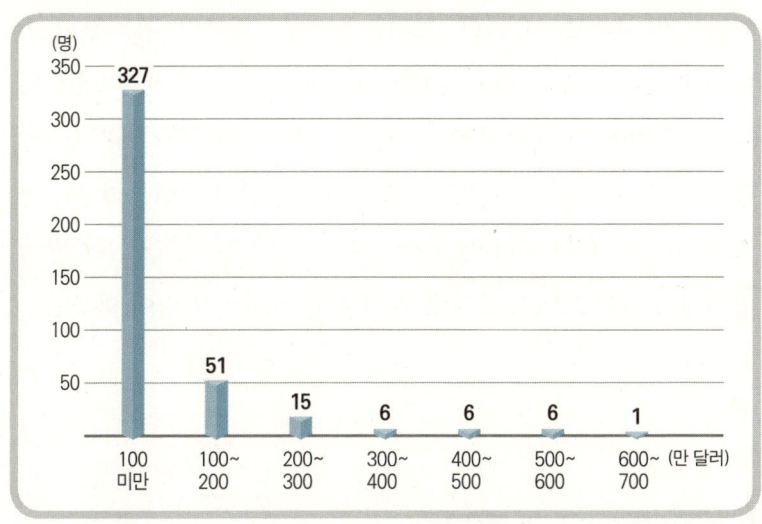

그림 1-1 • AIG간부의 보너스

약 1,650억 원), 평균적으로 1인당 41만 2,500달러에 달하는 거액의 보너스를 지급하였습니다. 100만 달러(약 10억 원)가 넘는 보너스를 받은 간부는 73명, 200만 달러가 넘는 간부만 해도 22명이나 되었으며, 최고액은 640만 달러에 달했습니다.

더욱 놀라운 사실은, 이 회사가 2008년 9월 이후 경영위기에 빠져 정부로부터 1,730억 달러(약 173조 원)의 공적 지원을 받았음에도, 거액의 보너스를 지급하였다는 것입니다. 공적자금을 투입하지 않았더라면 아마도 파산했을 것이기에, 오바마 대통령은 격노했고 미국 국민은 비난을 멈추지 않았습니다.

어처구니없는 이야기지만, 구체적으로 보너스가 어떻게 지급

되었는지 살펴보겠습니다. 보너스를 받은 간부의 내용은 [그림 1-1]과 같습니다. 100만 달러를 받지 못한 간부가 327명입니다. 100만 달러에서 200만 달러 사이는 51명, 200만 달러에서 300만 달러 사이는 15명, 300만 달러에서 600만 달러 사이는 6명, 그리고 600만 달러에서 700만 달러 사이는 1명입니다. 간부 한 명 한 명에게 지급된 보너스 금액에는 이렇게 큰 차이가 숨어 있었던 것입니다.

1,000만원 따위는 푼돈?

대화편에서는 증권회사(정확하게는 투자은행)를 예로 들었지만, 증권회사뿐만 아니라 서구형 기업에서는 사원 간 소득이나 보너스 차이가 큰 경우가 많습니다.

일반 사원에게는 1만 달러(약 1,000만 원)가 중요하겠지만, 앞에서 제시한 보너스 그래프에서는 그 정도 금액은 나타나 있지도 않습니다. 간부의 세계에서는 돈의 단위가 다른가 봅니다.

저축액 등을 포함한 '금융자산액'의 평균도 수상쩍습니다. 예를 들어 2010년 '가계금융조사(2인 이상 세대)'에서 금융자산보유액의 평균은 1,169만 엔입니다. 아주 많다고 생각하는 분도 많겠죠?

그러나 금융자산의 '중앙값'은 500만 엔입니다. 중앙값은 모든 세대를 금융자산액을 기준으로 정렬했을 때, 딱 가운데에 해당하는 세대의 금액을 나타냅니다. 알기 쉬운 예를 들면, 어떤 학교에

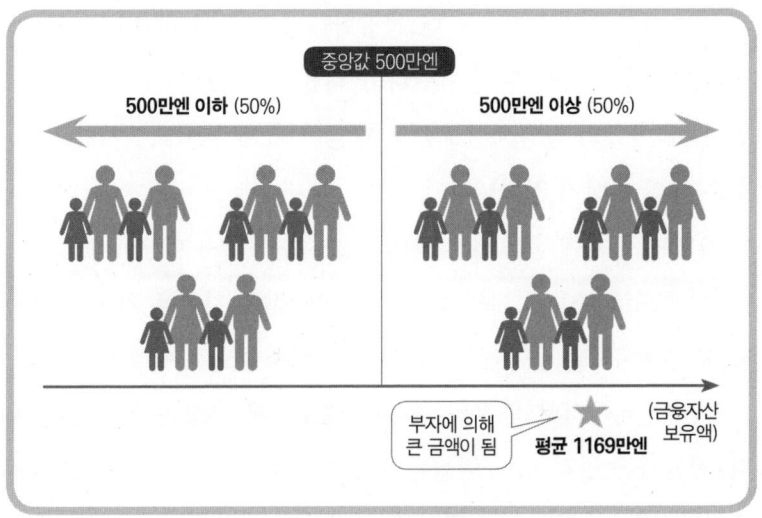

그림 1-2 • 평균과 중앙값

서 학생들을 키 큰 순서로 세웠을 때, 딱 가운데에 해당하는 학생의 키가 바로 '중앙값'입니다. 그러므로 중앙값이 500만 엔이라는 것은 '2명 이상인 세대 중에서 절반은 금융자산이 500만 엔 이하'라는 사실을 의미합니다(그림 1-2).

평균이 1,169만 엔이고 중앙값은 500만 엔이므로, 중앙값과 평균이 700만 엔 가까이 차이 납니다. 이번 사례에서는 일부 부자들이 전체 평균을 크게 높이고 있습니다. '평균 1,169만 엔을 기준으로 그 이상의 세대와 그 이하의 세대가 딱 반반씩 있다'라고 할 수는 없습니다. '평균 이하가 전체의 절반'이라는 이미지는 실제로는 맞지 않는 경우가 많습니다.

이런 경우에는 중앙값이 더 적절합니다. 예를 들어 빌 게이츠가 100명이 사는 마을에 이사 왔다고 해봅시다. 그의 자산이 더해지면서 그 마을의 금융자산보유액 평균이 크게 높아지겠지만, 중앙값은 거의 변하지 않습니다.

2010년 통계에서는 전체 세대의 22.3%가 금융자산이 없었습니다. 한편으로 부유한 사람들이 엄청나게 많은 자산을 가지고 있지만, 다른 한편으로는 전혀 가지지 못한 사람들도 많이 있습니다.

평균이 데이터의 특징을 제대로 대표하지 못하는 예는 많습니다. 평균과 중앙값 모두 현실을 파악하는 데 도움이 되는 지표임은 틀림없지만, 그것만으로 현실을 완벽하게 파악할 수는 없습니다. 통계라는 세계에서는, 가능한 한 원자료(raw data)에 가까워질수록 현실을 더 잘 볼 수 있습니다.

1장 정리

- 극단값(이상치)이 포함된 데이터에서는, 평균 이하의 데이터가 딱 절반이 되지는 않습니다.
- 데이터를 오름차순(혹은 내림차순)으로 정렬했을 때, 가운데에 해당하는 수치를 중앙값이라고 합니다.
- 중앙값은 극단적으로 큰 값이 포함된 데이터에서도 안정적인 값이 됩니다.

2장 잘못된 학부 선택

"

소로스 어서 와, 오가타. 무슨 일이야? 표정이 어두운데?

오가타 교수님, 문학부로 전과하고 싶습니다.

소로스 왜? 뜬금없이 무슨 소리야?

오가타 문과가 돈을 더 잘 번다는 기사가 최신 「주간 원더풀 머니」에 실렸다네요. 실제로 문과 친구들은 놀면서 대학생활을 즐기고 있는 것 같기도 하고, 여학생도 많고요. 게다가 이과는 대학원에 진학하는 게 당연시되고 있지 않습니까? 그러면 석사에서 또 2년을 보내야 하고, 학비도 많이 들고, 고생은 고생대로 하면서 얻는 것은 별로 없는 것 같습니다. 그래서 문과 쪽으로 전과할까 생각하고 있습니다.

소로스 문과가 그렇게 한가한지는 모르겠다만, 전과라는 게 그렇게 쉽게 결정할 문제는 아니야. 네 말대로 이과 쪽이 리포트도 많고, 대학원 진학도 일반적이고, 여학생도 적긴 하지. 우리 학과만 해도 여학생이 2명, 총 50명 중의 2명이니까 4%네. 희소가치가 있네.

오가타 그렇다니까요. 여자라는 존재가 진짜 다이아몬드 같다니까요.

소로스 일본은 여학생 중 4~5% 정도만 공학부에 진학하니까. 선진국 중에서 공학부에 진학하는 여성이 낮은 편이라는 독일에서도, 공학을 전공하는 여성이 우리보다 2배는 되지. 그건 그렇고 진짜로 문과가 돈을 더 많이 버는 거야?

오가타 정말입니다. 생애 소득이 5,000만 엔이나 차이 난다고 하더라고요. 그 돈이면 집 한 채를 살 수도 있잖아요.

소로스 그 정도면 살 수 있지. 문과로 전과해.

오가타 네? 그렇게 쉽게 결정해줍니까?

소로스 그 정도로 차이가 난다는데 가야지.

오가타 음…… 그렇게 말씀하시니, 왠지 신중해야 할 것 같은데요.

소로스 왜?

오가타 아뇨. 뭔가 찜찜해서요.

소로스 그렇지? 전과에 대해서는 꼼꼼하게 더 알아보는 게 좋을 거야. 그런데 무엇끼리 비교한 거야?

오가타 당연히 문과와 이과를 비교했죠.

소로스 아니 그러니까, 학부가 뭔데? 문학부하고 이학부를 비교한

거야?

오가타 그것까지는 모릅니다. 모든 학부를 포함해서 비교한 것 아닐까요?

소로스 데이터 좀 보자. (기사를 보면서) 이야, 이건 좀 심하네. 전형적인 '사기 그래프'잖아.

오가타 사기 그래프라고요? 무슨 말씀이세요?

소로스 막대그래프의 막대 길이가 금액과 비례하지 않잖아. 이렇게 그려놓으면 문과의 생애 소득이 이과보다 2배 이상 되는 것처럼 보이잖아. 글자도 아주 크네.

오가타 진짜네요? 저는 이제야 눈치챘습니다.

소로스 쯧쯧, 그걸 이제야…… 그런데 비교 대상도 잘못된 것 아냐?

오가타 네? 뭐가 잘못되었는데요?

소로스 데이터를 보면, 사회과학계열과 공학계열의 졸업생을 비교한 거잖아.

오가타 어? 그렇네요.

소로스 이 조사에는 네가 전과하고 싶어 하는 문학부는 없어.

오가타 그러고 보니 그렇네요.

소로스 공학부 졸업생은 주로 제조업에 많이 가니까, 그렇게 많이 벌지는 못하지. 나도 제조업 회사에 다녀봐서 잘 알아. 그런데 문과 중에서도 돈을 많이 버는 축에 속하는 사회과학계열의 졸업생과 비교하니까, 당연히 차이가 크게 나게 되지.

오가타 그렇군요. 사회과학계열이면 은행이나 외국계 투자회사 같은 데서 일하고 있는 사람도 있을 것이고, 걔네들은 의학부만큼 번다고 하니까…….

소로스 하나 더. '인문과학계열 학부 출신보다 공학부 출신의 생애 소득이 더 높다.'라는 조사결과도 있어.

오가타 문학부도 즐겁기만 한 건 아니었군요.

소로스 비교 대상이 무엇인가를 확인하는 것은 통계의 기본이야.

아직도 문학부로 전과하고 싶어?

오가타 실험실에 가보겠습니다.

"

▎숨겨진 정보

대화편을 읽으면서 '바보도 아니고 이렇게까지 속지는 않지.'라고 생각한 사람도 있을 것입니다. 하지만 실제로는 통계 데이터를 아주 복잡하게 가공해서 교묘하게 사람의 판단을 유도하는 경우가 많습니다. 아무리 뛰어난 통계기법일지라도 잘못 사용하면 그 결과는 아무런 의미도 없습니다. 이러한 점에서 무시할 수 없는 것이 바로 비교입니다.

대화편에서는 '문학부와 공학부 중에서는 공학부가 더 소득이 높다.'로 끝나 있습니다. 하지만 그 정도 정보만으로는 정확한 판단을 할 수 없습니다. 중요한 정보가 적어도 2개 정도는 부족하다고 할 수 있는데, 어떤 정보라고 생각하십니까?

첫 번째 정보로 조사대상자의 '성별'을 들 수 있습니다. 애석하지만 일본에서는 아직도 남녀 간의 임금격차가 남아 있습니다. 공학부에서는 여성이 희소한 존재이지만 문학부에서는 여성의 비율이 높아서, 남녀를 합해 비교하면 문학부의 생애 소득이 상대적으로 낮게 나오게 됩니다.

두 번째 정보로서 '응답자 나이'도 중요합니다. 기업에서는 연공서열이 파괴되고 있다고 하지만, 지금도 여전히 나이와 비례해서 소득이 증가하는 경향이 있습니다. 인문과학의 경우 신설된 학부·학과가 많아서 그쪽 졸업생과 역사가 깊은 공학부 졸업생을 비교하면, 연배가 있는 졸업생이 더 많은 공학부의 소득이 더 높게 나옵니다.

함부로 묶으면 위험!

언뜻 보기에 믿을 만한 데이터일지라도, 생각지도 못한 문제가 있을 수 있습니다. 예를 들어 2010년 대학졸업예정자의 취업상황 조사를 따르면, 문과·이과별 취업률이 [표 2-1]과 같이 나와 있습니다. 이 데이터를 보고 있으면, 무엇인가 부족하다고 생각하지 않습니까?

여기에는 남녀를 구분한 데이터가 없습니다. 이 표와는 별개로, 문과·이과가 구분되지 않은 남녀 취업률 자료는 따로 있습니다. 남자의 취업률은 59.5%이고 여자의 취업률은 55.3%입니다. 앞의

구 분	문 과	이 과
대 학	57.4% (▼ 3.8)	58.3% (▼ 10.2)
국공립	64.4% (▼ 6.6)	60.6% (▼ 12.2)
사 립	55.7% (▼ 3.0)	56.4% (▼ 9.3)

표 2-1 • 대학생의 취업률
(괄호 안은 전년도 조사대비 증감, ▼는 마이너스를 뜻함)

두 자료를 모두 고려해도 남녀별 그리고 문과·이과별 취업률은 알 수 없습니다. 이 상태로는 문과·이과의 취업률 실태를 제대로 파악하기가 어렵습니다.

앞에서도 이야기하였듯이 지금도 취업에는 남학생이 여학생보다 더 유리한 면이 많으므로, 단순 비교하면 여학생이 많은 학부의 취업률이 낮게 나올 수 있습니다. 남녀별로 구분한 데이터가 없으면 제대로 된 실태를 파악하기 어렵습니다.

대학교수라는 직업병 때문에 발표되는 취업률을 매번 확인하고 있지만, 발표하는 방법을 조금은 바꿔야 한다고 생각합니다. 후생노동성이 계속해서 이렇게 엉성한 형식으로 발표하면 유효한 대책을 세우기 어려울 것입니다.

이처럼 원래는 구분해서 생각해야 하는 데이터가 한꺼번에 묶여서 처리되는 경우가 적지 않습니다. 우리가 대응하는 방법은 조사 결과를 볼 때, '구체적으로 무엇과 무엇을 비교하고 있는가?'를 확인하는 것입니다. 데이터가 엉성하게 표현되거나, 부분적으로 제시되는 경우가 많습니다. 빠진 정보는 없는지, 작은 글씨로 쓰인 주의사항은 없는지 확인해야 합니다. 의심 가득한 눈으로 데이터를 보면, 실태가 보이는 경우도 있습니다.

고령 출산의 위험

지금까지의 예는 비교적 이해하기 쉬운 것이었지만, 뜻밖에 판단하기 어려운 경우도 있습니다. 35세 이후의 첫 출산을 '고령 출산'이라고 합니다. 1991년까지는 30세 이후였지만, 그 기준이 변했습니다. 35세를 기준으로 출산의 위험, 태아의 이상 위험 등이 높아져서 이러한 용어가 붙게 되었습니다.

고령 출산이라는 말은 많이 알고 있는 듯하지만, 어떤 위험이 어느 정도 있는지는 그렇게 많이 알고 있는 것 같지 않습니다. 그래서 조금 조사해 보았습니다.

우선 '35세를 넘기면 임신 가능성이 낮아진다'는 것은 사실입니다. 하지만 딱 35세가 되는 날을 기준으로 갑자기 급격하게 임신이 어려워지는 것은 아닙니다. 월 단위 자연임신확률(피임 없이 임신하는 확률)은 25세쯤에는 22% 정도로 가장 높아지고, 그 이후로는 점점 낮아져 35세에는 15% 정도가 됩니다. 그러므로 임신 가능성에만 초점을 두게 되면, 임신하기 어려워지는 지점은 오히려 25세 정도가 됩니다.

자주 언급되는 사실은 산모의 나이가 많을수록, 다운증후군이 있는 아이를 임신할 확률이 높아진다는 것입니다. [그림 2-1]은 미국 여성의 나이별 다운증후군 위험을 나타낸 데이터입니다. 이 데이터는 출산 전 진단에서 '위험인자가 있음'(태아가 다운증후군일 확률이 높음)이라고 판단된 비율을 나타내고 있습니다. 어디까지나 출생 전의 진단 결과이므로 잘못되었을 가능성도 있습니다. 실제

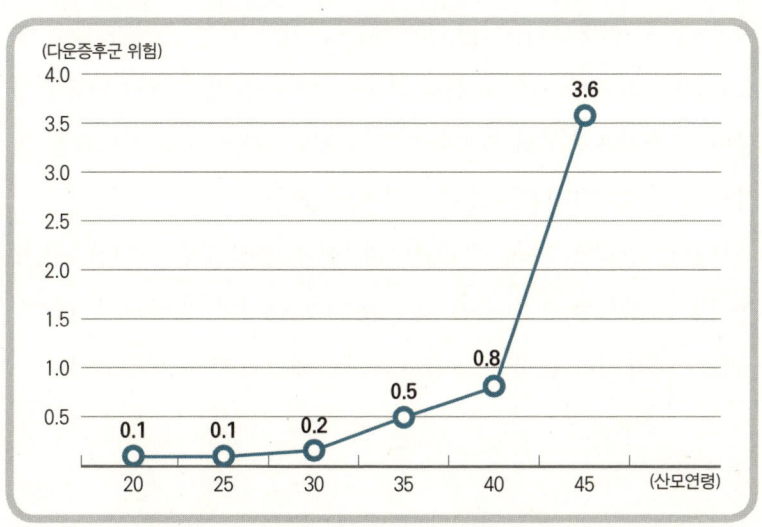

그림 2-1 • 미국 산모의 연령과 다운증후군 위험

확률과는 다를 수 있으므로 주의하시기 바랍니다.

일단은 진단결과가 옳다고 가정하고, 다운증후군이 있는 아이가 태어날 가능성을 살펴봅시다. 그러면 35세 전후에 갈림길이 있다고 하기보다는, 오히려 40세를 넘어서 급격히 상승하는 것으로 보입니다.

산모의 나이가 많은 경우, 출산과 관련하여 여러 가지 다른 위험이 커지는 것도 사실입니다. 하지만 고령 출산이라는 용어를 사용하게 되면, 35세 이후의 출산은 이상한 것으로 생각할 수 있고, 그 나이 이전의 출산은 전혀 위험하지 않다고 생각할 수 있습니다.

연속적으로 변화하는 것을, 어떤 기준을 정해서 구분하면 큰 효과를 줄 수 있습니다. 이런 경우에는 근거가 되는 숫자가 특히 중요합니다. 하지만 고령 출산의 기준을 35세로 정한 근거는 불분명합니다. 후생노동성의 웹사이트를 보아도 '35세부터 고령 출산'이라고 할 만한 데이터는 전혀 보이지 않습니다.

사람은 감정을 가진 생물입니다. 쉽게 불안해하는 임산부에게 부정적인 정보를 주는 것은 특히 좋지 않습니다. 출산처럼 중요한 사항에 대해서는 올바른 데이터를 제공해야 한다고 생각합니다.

2장 정리

- 통계자료를 볼 때에는 반드시 용어의 정의 그리고 주의사항을 확인해야 합니다.
- 비교 대상을 잘못 정하면, 아무리 뛰어난 통계기법을 사용해도 그 결과는 아무 의미도 없습니다.
- 서로 다른 성질의 데이터가 섞여 있는 것은 아닌지, 부족한 정보는 없는지 의심해보아야 합니다.
- 근거가 확실하지 않은 숫자는 신경 쓰지 마십시오.

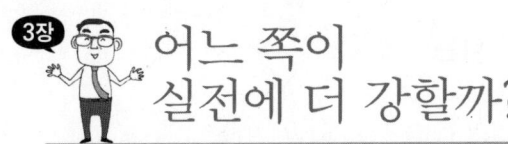

3장 어느 쪽이 실전에 더 강할까?

>

히로미 아침에 이렇게 달리면 기분이 좋아져.

모아 엄마, 난 어젯밤에 너무 달렸어. 헉헉, 숙취로 졸리고 속도 거북해.

히로미 술로 달리는 건 인제 그만 하고, 매일매일 아침에 달리자. 먼저 간다.

모아 헉헉, 엄마가 대단한 거야, 내가 엉망인 거야.

조깅을 마치고 돌아온 두 사람. 모아는 죽을 것 같은 얼굴을 하고 있다.

소로스 어서 와! 아침밥 다 됐어. 뭐야? 두 사람 표정이 너무 다르잖아. 기록은 어때?

히로미   모아는 43분 29초. 나는 30분 42초.

소로스   엄청난 차이네.

모아   오늘은 숙취 때문에…….

소로스   그런 상태에서도 달렸다고? 대단한 건지, 멍청한 건지.

모아   엄마는 하나도 힘들어하지 않더라. 대단한 것 같아.

소로스   너의 평균 기록은 28분 44초, 엄마는 31분 37초.

모아   일단은 내가 엄마보다 빠르긴 한데…….

히로미   오늘처럼 40분이 넘게 걸리는 날도 있으니, 안정적이지 못해.

소로스   그렇다면 표준편차를 계산해볼까? 모아가 7분 16초, 엄마가 2분 36초.

히로미   표준편차? 그건 뭐야? 수치가 크면 좋은 거야?

소로스 좋은 건지 어떤 건지는 모르겠지만, '엄마가 모아보다 기록이 더 규칙적이다.'라는 것은 알 수 있지. 표준편차가 클수록 불규칙하지. 엄마는 확실히 안정적이네.

모아 역시 안정적이네, 엄마는 대단해.

히로미 그럼, 대단한 엄마지. 호호호.

모아 그렇지만 실전에서는 내가 더 좋은 기록을 낼 수 있지 않을까?

소로스 너도 참 지기 싫어하는구나.

편차를 측정하려면

평균은 자주 사용하지만, 평균만으로 데이터의 성질을 파악할 수 없습니다. 평균 외에 추가로, 데이터의 편차(불규칙성, 변동성, 불확실성, 퍼진 정도)를 나타내는 '표준편차'만 알아도 데이터를 보는 시각이 훨씬 넓어집니다.

그렇다면 데이터의 편차는 어떻게 측정할까요?

한 가지 방법은 최댓값과 최솟값의 차이를 계산하는 것입니다. 즉 '데이터의 폭'을 측정하는 것입니다. 이 값은 '범위(range)'이라는 통계량으로서 데이터의 특징을 어느 정도 전달하고 있습니다. 하지만 최댓값과 최솟값 이외의 값은 전혀 고려하지 않기 때문에, 중간에 수치가 어떠하든지 최댓값과 최솟값만 같으면 편차가 같게 된다는 문제가 있습니다.

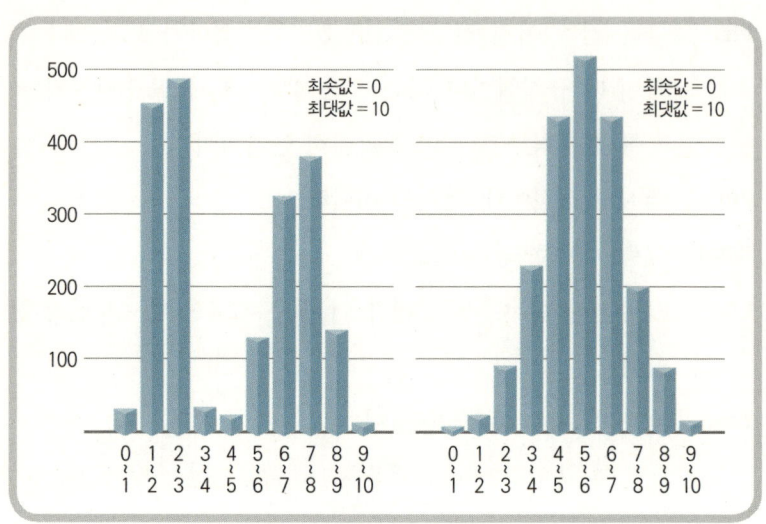

그림 3-1 • 편차 = 데이터의 폭?

[그림 3-1]을 보면 두 개의 그래프 모두 '범위=10'이고 '평균=5'인 데이터를 나타내고 있습니다. 가로축은 '0 이상, 1 미만', '1 이상, 2 미만'……, 값의 구간을 나타내고 있습니다. 각 구간에 해당하는 데이터의 개수(또는 비율)를 세로축에 막대그래프로 나타낸 것을 '히스토그램'이라고 합니다.

예를 들어 어떤 회사에서 종업원들의 일주일 연장 근무 시간을 기록해 두었다고 합시다. A씨는 연장 근무 없이 바로 퇴근하였고 (연장 근무시간 0시간), B씨는 업무가 많아서 6시간 동안 연장 근무를 하였으며, C씨는 2시간 20분 연장 근무를 하였습니다. 이처럼 연장 근무 시간은 사람마다 다릅니다. 연장 근무 시간을 1시간 단위로 '0시간 이상, 1시간 미만', '1시간 이상, 2시간 미만'과 같이 여러 개의 구간으로 나누어, 각 구간에 해당하는 사람이 몇 명인지를 기록하면 히스토그램이 됩니다. 연장 근무를 안 한 사람도 있지만, 가장 바쁜 사람은 6시간 연장 근무를 했다고 하면, 연장 근무 시간의 범위는 6시간이 됩니다.

[그림 3-1]을 보면 왼쪽 히스토그램에는 산이 두 개 있고 오른쪽 히스토그램에는 산이 한 개 있습니다. 오른쪽은 전체 데이터가 '값=5' 즉, 평균 가까이에 집중되어 있습니다. 왼쪽 데이터는 어떤 하나의 값 가까이에 분포되어 있지 않기 때문에, 오히려 편차가 더 커 보입니다. 그러나 '범위'만으로 데이터의 편차를 측정하는 것은 문제가 있습니다.

평균편차·표준편차·분산

방법을 바꾸어 '평균 가까이에 얼마나 데이터가 집중되어 있는가'를 생각해 보겠습니다. 이것은 어떻게 계산할 수 있을까요?

각 데이터의 '평균과의 차이'의 평균을 계산하면 어떨까요? 하지만 '평균과 차이'의 평균은 언제나 0이 되는 것이 문제입니다. 그러므로 이것 역시 좋은 방법은 아닙니다.

그렇다면 '평균과의 차이의 절댓값'의 평균을 계산하면 어떨까요? 이것은 '평균편차'라고 불리는 통계량으로서 데이터의 편차를 나타내는 유용한 지표가 될 수 있습니다. 하지만 실제로는 별로 쓰이지 않습니다. 대신 '표준편차'가 많이 사용됩니다.

표준편차는 '평균과의 차이를 제곱한 값의 평균을 계산한 후, 그것에 다시 루트(제곱근)를 취한 값'입니다. 즉 평균과의 차이를 제곱한 것을 모두 더해서 데이터의 개수로 나눈 후, 그 값에 루트를 취합니다. 루트를 취하는 이유는 '단위를 맞추기 위해서' 입니다. 예를 들어 키의 단위를 cm(길이)로 했을 경우, 제곱해서 평균을 내면 그 단위는 cm^2(넓이)가 되어버립니다. 그래서 루트를 씌우면 단위가 다시 cm(길이)로 돌아오게 됩니다. 루트를 취하기 전의 값을 '분산'이라고 하는데, 이 개념도 많이 사용됩니다.

왜 표준편차를 사용할까?

표준편차를 널리 쓰지만, 평균편차는 별로 쓰지 않는다는 사실을 이상하게 느낄 수도 있습니다. 데이터의 편차를 나타내는 것이 목적이라면 평균편차로도 충분할 텐데 말이죠.

사실 편차를 나타내는 지표로서 표준편차(혹은 분산)를 잘 쓰는 것은, 평균편차가 부족해서 그런 것은 아닙니다. 역사적인 사정은 무시하고 대략 설명하자면, '평균편차보다 표준편차가 수학적으로 편리해서' 입니다.

이 '수학적 편리함'이란 무엇인가? 다음 설명을 보면 직감적으로 이해하게 될 것입니다.

'데이터의 개수로 나눈다'는 부분을 생략하고, 표준편차와 평균

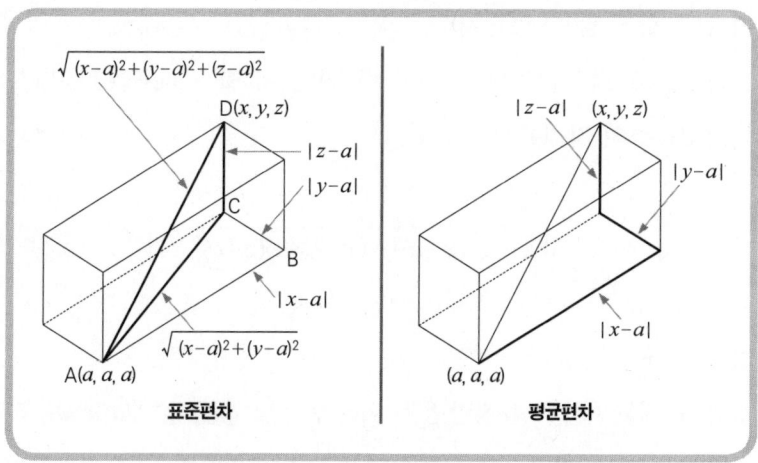

그림 3-2 • 표준편차와 평균편차의 측정방법

편차 각각의 측정방법을 그림으로 나타내어 보면 [그림 3-2]가 됩니다. 데이터의 개수(표본 크기라고 합니다)는 3개인 것으로 가정하겠습니다.

3개의 데이터는 가로, 세로, 높이로 나타내며 각각 x, y, z라고 하고, 세 값의 평균을 a라고 하겠습니다.

왼쪽 그림이 표준편차의 측정방법입니다. 평균 3개를 나열한 점 A(a, a, a)부터 D(x, y, z)의 거리를 최단거리로 측정하고 있습니다. 피타고라스의 정리를 이용하여 먼저 AC를 구하면, AB의 제곱과 BC의 제곱을 더한 값에 루트를 취하면 되므로

$$AC = \sqrt{(x-a)^2 + (y-a)^2}$$

이 됨을 쉽게 알 수 있습니다.

다음으로 직각삼각형 ACD의 한 변인 AD를 구해봅시다. 다시 피타고라스의 정리를 이용하면,

$$AD = \sqrt{(x-a)^2+(y-a)^2+(z-a)^2}$$

가 됩니다.

한편, 평균편차의 측정방법은 오른쪽 그림처럼, 점 A(a, a, a)부터 골목길을 따라 직각으로 돌아가면서 D(x, y, z)에 도착할 때까지의 거리를 측정하는 것입니다.

그림을 보면, 평균과 각각의 데이터의 관계를 더 자연스럽게 나타낸 것은 최단거리로 측정한 표준편차 쪽이 아닐까요?

때로는 도움이 되는 평균편차

조금 보충하자면, 표준편차를 널리 사용하고 있지만, 편차의 척도로서 만능이라고 할 수는 없습니다.

나중에 설명할 '멱함수분포'에서는, 표준편차를 계산하면 터무니없이 큰 값이 나오는 경우가 있어 척도로서 적당하지 않습니다. 이런 경우 평균편차가 더 적합합니다.

통계의 세계에서는 '이것 하나로 어떤 경우에도 적합하다.'라는 도구는 거의 없습니다. 때에 따라 여러 가지 기법을 유연하게 사용

하면, 통계가 조금은 재미있어질 것입니다.

3장 정리

- 데이터의 편차(불규칙성, 변동성, 불확실성, 퍼진 정도)는 주로 표준편차로 측정합니다.
- 표준편차는 평균 가까이에 얼마나 데이터가 집중되어 있는가를 나타냅니다.
- 데이터의 편차를 평균편차로 측정하는 것이 더 적합할 때도 있습니다.
- 표준편차는 '최단거리'로 측정하는 방법입니다.
- 평균편차는 '골목길을 따라 직각으로 돌아가면서' 거리를 측정하는 방법입니다.
- 각 구간에 해당하는 데이터의 개수(혹은 비율)를 세로로 나타낸 막대그래프를 '히스토그램'이라고 합니다.

4장 수학으로 뽑아요?

연구실에는 여러 사람이 찾아온다. 오늘은 기업에서 오는 손님이 많은 수요일이다.

게이츄 (문이 열리면서) 안녕하세요. 소로스 교수님이시죠?

소로스 네. 어디서 오셨습니까?

게이츄 게이츄라고 합니다. 마이크로 로컬 소프트 회사에서 왔습니다. 올해부터 제가 채용을 담당하게 되어서, 인사드리러 찾아뵀습니다.

소로스 빌 게이츠 회장님이 직접 채용을 담당하시나요?

게이츄 네?

소로스 아, 아닙니다. 제 명함입니다. 최근에 학과 이름이 정보전자공학과로 바뀌었습니다. 여기에 '정보'라고 덧붙여 주시면 됩니다.

게이추 교수님께서 학생들의 취업을 담당하신다고 들었습니다.

소로스 네. 잘 부탁합니다.

게이추 우리 회사는 기업의 요청에 맞춘 주문형 소프트웨어를 개발하고 있습니다. 창립한 지 10년밖에 되지 않았지만, 수주가 넘쳐 이번에 신입사원을 채용하려고 합니다.

소로스 소프트웨어 개발이군요. 기업의 요청에 맞추는 일이라면 다양한 지식이 필요하겠군요.

게이추 그렇습니다. 그래서 가능하면 '수학을 잘하는 사람'을 채용하고 싶습니다. 교수님 전공도 수학이라고 들었습니다.

소로스 네. 수학 전공입니다. 그건 그렇고, 수학을 잘하는 학생을 채용해서 어떤 업무를 맡기실 건가요?

게이추 물론 프로그래밍입니다. 소프트웨어 개발이 우리 회사의 업이니까요.

소로스 수학과 관계된 소프트웨어를 개발하시는 거군요?

게이추 아닙니다. 수학하고 직접 관계는 없습니다. 기업의 사내업무를 효율화시키는 소프트웨어를 개발할 인재를 찾고 있습니다.

소로스 수학과 관계없는 일을 하는데, 수학을 잘하는 학생을 찾는다는 말씀이네요?

게이추 수학을 잘하는 학생이 프로그래밍을 잘할 거로 생각합니다.

소로스 과연 그럴까요?

게이츄 네?

소로스 수학을 잘하는 것과 프로그래밍을 잘하는 것은 별로 관계가 없는 것 같은데요. 적어도 제가 가르친 학생의 경우는요.

게이츄 정말인가요?

소로스 제가 프로그래밍도 가르치고 있는데, 각각의 성적이 별로 관계가 없는 것 같습니다. 프로그래밍은 철저하게 프로그램 코딩을 중심으로 하는 수업이고, 수학적인 내용은 거의 없습니다. 지난 1학기 시험의 결과를 말씀드리자면, 표본 크기(=데이터의 개수)는 48이고 상관계수는 0.22 정도이니까,

게이추   상관관계가 전혀 없다고 할 수는 없지만, 미약한 수준이죠. 통계에 어두워서 정확히 이해하지는 못했지만, '수학을 잘 하는 학생을 채용해도 프로그래밍을 잘한다고 장담할 수 없다.'라는 말씀인가요?

소로스   그렇습니다. 이 정도의 상관관계라면 아마 강의에 빠짐없이 출석했거나, 공부에 열의가 있다던가 하는 요인들이 영향을 미친 정도일 것입니다. 10년 이상 학생들을 가르친 경험으로 볼 때, 별로 관계가 없는 것 같습니다.

게이추   조금 놀랐습니다. 프로그래밍은 굉장히 수학적으로 보였거든요.

소로스   때에 따라서는 수학이 필요할 수도 있습니다. 물론 다 그렇다고 말할 수는 없지만요.

게이추   그렇다면 수학을 잘 못하는 학생이 프로그래밍에 적성이 맞는 것인가요?

소로스   아니요, 그렇지 않습니다. 두 가지 능력은 상관관계가 거의 없습니다. 좀 더 구체적으로 말씀드리면, '수학을 잘하면서 프로그래밍도 잘할 확률'과 '수학은 못 하지만 프로그래밍은 잘할 확률'이 거의 같다는 것입니다. 그러니까 프로그래밍과 관련해서는, 수학을 잘하고 못하고가 그다지 의미 없는 것이죠.

게이추   그렇군요.

소로스   그런데 왜 처음부터 프로그래밍을 잘하는 학생을 찾지 않

게이추	으셨죠?. 수학 성적 같은 간접적인 것이 아니라, 프로그래밍 성적을 직접 확인하는 것이 더 좋은 방법 아닌가요?
게이추	그 점에 관해서는 우리 회사에서 좀 알아봤는데요.
소로스	그런데요?
게이추	대학의 프로그래밍 과목 성적과 회사에서 업무성과는 별로 관계가 없었습니다. 이 학교 학생들은 아니었습니다만……. 정보 관련 학과에서 성적이 좋은 학생들을 채용해도 실제로는 프로그래밍을 잘 못하는 경우가 많았습니다. 그래서 수학을 잘하는 학생을 찾게 된 거죠.
소로스	'대학 성적과 업무 능력은 관계가 없다.'라는…….
게이추	그렇다고 생각할 수밖에 없죠. (웃음)
소로스	'상관관계가 없다'고요, 부끄럽습니다. 제가 존재하는 의미가 의심스럽군요.

▌ **산포도**

대화편 일화는 어느 정도 저의 경험담입니다.

(키, 몸무게)나 (국어 점수, 수학 점수) 등과 같이 짝을 이루는 데이터를 2차원 평면에 표시하면 많은 점이 찍힌 그림이 됩니다. 이를 산포도라고 합니다.

대화편에서 소로스가 언급한 것은 '수학 점수와 프로그래밍 점수'입니다. 두 과목의 점수를 각각 가로축(X)과 세로축(Y)으로 하

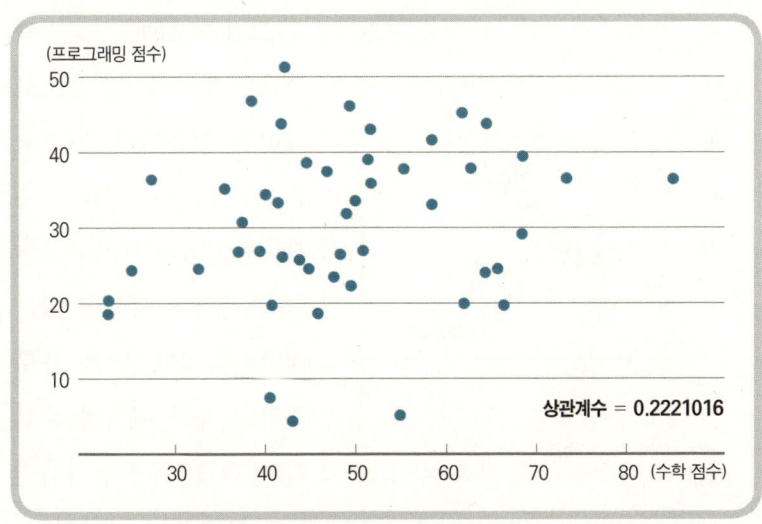

그림 4-1 · 수학과 프로그래밍 점수의 산포도

여(반대여도 상관없음) 점을 찍으면 산포도가 그려집니다.

소스의 데이터를 이용하여 산포도를 그려보면 [그림 4-1]과 같이 됩니다. 프로그래밍 점수가 상대적으로 낮은 것은 아마도 시험문제가 어려워서일 것입니다. 아무튼, 상관계수가 0.2221016이라는 수치로 나타나 있는데, 이 수치는 무엇을 의미할까요?

다양한 상관관계

데이터를 산포도로 그려보면 데이터 간의 일정한 경향을 파악할 수 있습니다.

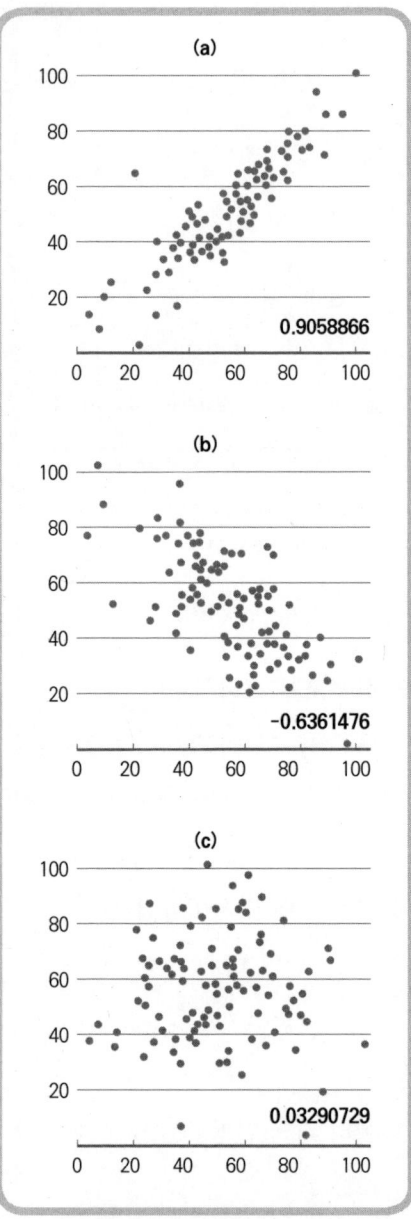

그림 4-2 • 산포도와 상관계수

[그림 4-2]에는 세 가지 종류의 데이터가 산포도로 그려져 있습니다. 가로축을 X, 세로축을 Y라고 하면, (a)는 X가 증가하면 Y도 증가하는 경향이 있는 데이터입니다. 키와 몸무게의 관계가 여기에 속합니다. (b)는 X가 증가하면 Y는 감소하는 경향이 있는 데이터로서, (성인의) 나이와 폐활량의 관계 등이 여기에 속합니다.

(a)는 X와 Y 사이에 '정(+)의 상관관계가 있다.'라고 하고, (b)는 '부(-)의 상관관계가 있다.'라고 합니다. (c)처럼 어느 쪽이라고도 할 수 없을 때는, '상관관계가 없다.'라고 하거나 '상관관계가 낮다.'라고 합니다. 머리카락의 길이

와 지능지수의 관계 등이 여기에 속합니다.

이처럼 상관관계가 얼마나 강한지 그 정도를 나타낸 것이 [그림 4-2]에 있는 각각의 산포도에 적혀있는 수치인데, '상관계수'라고 합니다.

간략하게 설명하면, 상관계수는 X와 Y 두 값이 각각의 평균에서 어느 방향으로 벗어나 있는지를 수치로 나타낸 것입니다. 완전한 정(+)의 상관관계(모든 데이터가 우상향하는 직선 위에 있음)일 때 상관계수는 1이 되고, 완전한 부(-)의 상관관계(모든 데이터가 우하향하는 직선 위에 있음)일 때 상관계수는 -1이 됩니다. 실제에서는 이처럼 깔끔한 데이터는 거의 없고, 직선 근처에 데이터가 흩어져 있는 형태가 됩니다.

데이터 간에 '직선적인' 관계가 없을 때에는 상관계수가 0에 가까운 값이 됩니다. (c) 데이터의 상관계수는 0.03290729로서 0에 가깝다는 것을 알 수 있습니다.

소로스가 말한 '수학과 프로그래밍 점수의 산포도'의 상관계수는 0.22 정도밖에 되지 않습니다. 그러므로 '수학 점수가 높을수록 프로그래밍 점수도 높다.'라는 경향은 있지만, 그 경향이 그렇게 강하다고 할 수는 없습니다. [그림 4-2]에 있는 세 가지 종류의 산포도로 말하자면 '(a)와 (b) 사이에 있지만 (c)에 매우 가깝다.'라고 해석할 수 있습니다.

상관계수를 설명할 때 '직선적인 관계'라고 하였는데, 사실 이 말은 매우 중요합니다. [그림 4-3]을 보면 알겠지만, 상관계수가

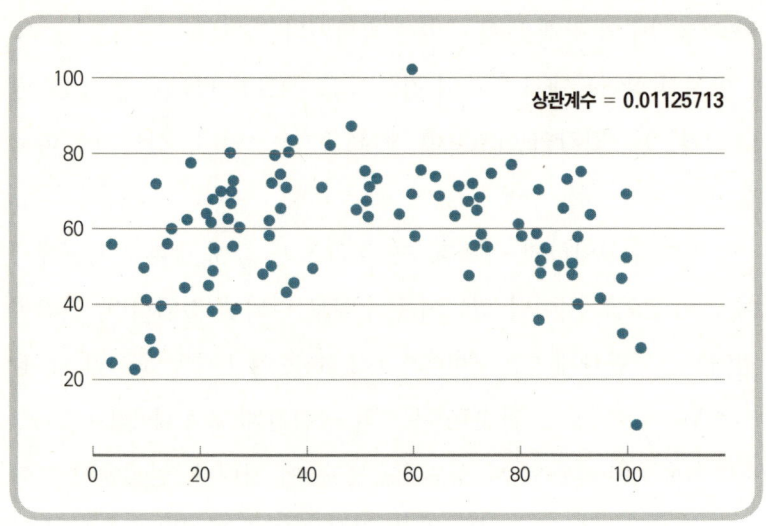

그림 4-3 • 비선형 데이터

거의 0에 가깝지만 아무런 관계도 없는 것으로 보이지는 않습니다. 처음에는 X가 증가할수록 Y도 증가하지만, X가 60에 가까우면 X가 증가할수록 Y가 감소합니다. 산 모양의 관계가 있는 것입니다.

이 데이터에서 상관계수가 낮은 것은 '직선적인 관계가 없다.'는 것을 의미할 뿐입니다. 상관계수는 상관관계를 파악하는 지표로서 당연히 도움이 됩니다. 하지만 상관계수의 크기와 실제로 상관관계가 있는지 없는지는 반드시 비례하지 않습니다.

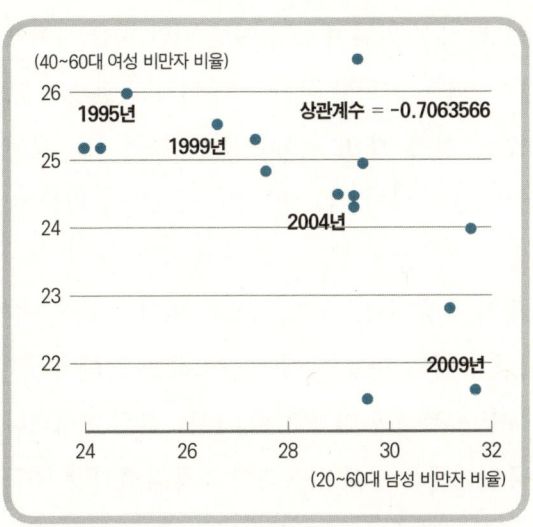

그림 4-4 • 남성 비만자 비율과 여성 비만자 비율(%)

남자가 살이 찌면 여자는 빠진다?

이것도 잘 틀리는 문제입니다. 상관관계는 인과관계와 다릅니다.

2009년 국민영양조사에 의하면, 20~60대 남성 중 비만인 사람(BMI 25 이상)의 비율과 40~60대 여성 중 비만인 사람의 비율은 [그림 4-4]와 같습니다. BMI는 키와 몸무게의 관계로부터 계산된 비만도를 나타내는 지수입니다. 산포도에 찍은 점은 해당 연도입니다. 예를 들어 '2000년 남성 비만 비율과 여성 비만 비율'이 하나의 점으로 표시됩니다. 참고로 이 산포도에는 20~30대 여성의 데이터가 없는데, 그 당시에는 비만보다 너무 마른 체형이 문제가 되었기 때문에 데이터를 나눈 것 같습니다.

그림을 보면, 남성 비만 비율과 여성 비만 비율 사이에는 -0.7063566이라는 비교적 강한 부(-)의 상관관계가 있습니다. 이 결과는 남성이 살이 찌면, 여성은 살이 빠진다는 것을 의미할까요? 남자들이 너무 많이 먹는 바람에 여자들이 먹을 식량이 부족해졌다던가……?

물론 그렇지 않습니다. 단지 '남성의 비만 비율은 거의 매년 증가하고, 여성의 비만 비율은 매년 감소하는 경향이 있다.'라는 것일 뿐, 두 사실이 특별한 인과관계가 있는 것은 아닙니다.

그런데 중년여성은 살짝 통통하다고 생각했지만, 최근에는 그렇지도 않은가 봅니다.

4장 정리

- (키, 몸무게)나 (국어 점수, 수학 점수) 등과 같이 짝을 이루는 데이터를 2차원 평면에 점으로 표시한 것을 산포도라고 합니다.
- 상관계수는 두 데이터 사이에 직선적인 관계가 얼마나 강한지를 나타냅니다. 산포도가 우상향 직선에 가까울 때는 상관계수는 1에 가깝고, 우하향 직선에 가까울 때는 -1에 가깝습니다. 직선적 관계가 없다면, 상관계수는 0에 가깝습니다.
- 상관계수가 0에 가깝다고 하여, 두 데이터가 아무 관계도 없다고 할 수는 없습니다.
- 곡선적인 관계가 있을 때, 상관계수는 올바른 지표가 아닙니다.
- 상관관계가 있다고 해서 인과관계도 있다고 할 수는 없습니다.

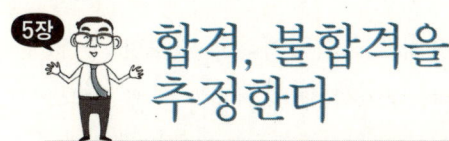

5장 합격, 불합격을 추정한다

기말고사가 끝나면, 낯선 학생들이 많이 찾아온다.

"

학생   교수님 안녕하세요.

소로스   어서 와, 무슨 일이지?

학생   제 점수를 확인하고 싶어서요.

소로스   어떤 과목? 이름은?

학생   '통계학 I'을 들은 후지타입니다.

소로스   자네가 후지타로구먼. 어디 보자, 44점이네.

후지타   어? 60점이 안 되네요. 그러면 불합격인가요? 16점 정도는 어떻게 안 될까요?

소로스   16점 정도라고? 점수는 어떻게 할 수 없네, 그건 공정하지 못해. 그리고 아직은 자네가 불합격이라고 단정할 수 없어. 시험문제가 어려웠던 모양이라 조금 점수를 보정해야 해. 타과 학생들도 많았고, 수강생이 150명이나 되니까, 불합격자가 많지 않도록 긍정적인 쪽으로 보정할 거야.

후지타 그렇군요. 그러면 저는 합격권일까요? 구리타 군 점수를 알면 기준이 될 것 같은데요. 그 친구가 항상 아슬아슬하거든요.

소로스 다른 학생의 점수를 가르쳐 줄 순 없네. 개인정보니까.

후지타 하지만 합격할지 너무 궁금해서.

소로스 아직 최종 점수를 확정한 게 아니니까, 조금 더 기다리게.

후지타 그래도 대충이라도……

소로스 그렇다면 평균과 표준편차를 가르쳐 줄 테니까, 자신의 위치를 추정해봐. 수업에서 배웠으니까, 할 수 있지?

후지타 하, 하나도 모르는데요.

소로스 어디를 모르는데?

후지타 정규분포부터요. 수업에 빠졌거든요. 할머니 제사가 있어서.

소로스 가정일도 중요하다만, 수업에는 충실해야지.

후지타 네, 이번에도 통과 못 하면 정말 곤란하거든요. 합격인지 불합격인지만 가르쳐주시면 안 될까요?

소로스 통계에 대해서는 얼마든지 가르쳐 주지.

후지타 네……

소로스 그래야지. 자! 오늘은 특별 강의다. 강의 제목은 '시험에

그림 5-1 • 정규분포의 형태

나오는 정규분포'.

후지타 결론으로 바로 들어갔으면 좋겠습니다. 합격 여부는 어떻게 추정하는 것입니까?

소로스 성급하기는. 공부에는 순서가 있는 법. 정규분포가 어떻게 생겼는지는 알고 있나?

후지타 모릅니다.

소로스 그럴 줄 알았지. 우선 기본부터 확실하게 이해해야지. 정규분포의 형태는 이렇다네(그림 5-1). 평균 주변에 데이터가 모여 있는 종 모양의 곡선.

후지타 하암.

소로스 벌써 하품인가?

후지타 죄송합니다. 정규분포의 모양이 어떠하든 무슨 상관인가 싶기도 하고. 사실 제가 이론에 약하거든요.

소로스 정규분포를 알면 너의 합격 여부를 추정할 수 있는데도?

후지타 그래요? 뜻밖에 쓸모가 있네요.

소로스 그러니까 집중해서 잘 듣도록 해. 다시 돌아가서, 이 그래프의 세로축을 '확률밀도'라고 한다.

후지타 그냥 확률 같은 거 아닌가요?

소로스 아니야, 확률밀도와 확률은 달라. 다들 확률이라고 말하지만, 엄밀히 따지면 잘못 사용하고 있는 경우가 많아. 확률밀도는 '값이 1과 2 사이에 들어갈 확률'과 같이 '어떤 범위'를 지정해야 비로소 확률이 되는 거야. 물체의 밀도에 부피를 곱하면 질량이 되는 것과 같은 원리지. 밀도 자체가 질량이 아니듯이 확률밀도 자체는 확률이 아니야.

후지타 확률밀도와 확률, 여전히 헷갈리는 개념이네요. 그래도 이걸 알아야 합격 여부를 추정할 수 있는 거겠죠?

소로스 그렇지. 조금 어려운 이야기겠지만, 아무튼 확률과 확률밀도가 다르다는 것만 알아도 돼. 그럼 히스토그램은 기억하고 있니?

후지타 아, 막대그래프가 아닌가요?

소로스 맞아. 히스토그램에는 '구간'이라는 것이 있지. 시험 점수로 말하자면 '30점 이상~40점 미만'이라고 하는 것 말이야. [그림 5-2]와 같은 거. 이 세로축은 뭔지 아니?

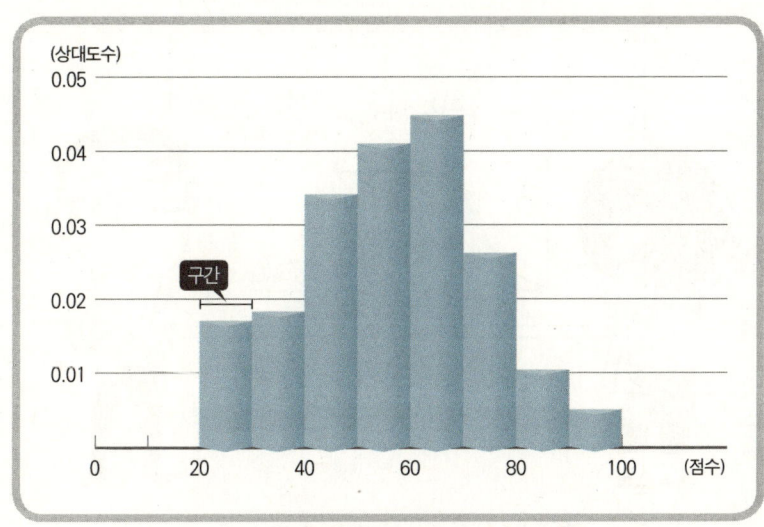

그림 5-2 • 히스토그램

후지타 각 구간에 해당하는 '인원수' 같은데요.

소로스 그런 경우도 있어. 하지만 확률밀도를 고려할 때에는 상대도수로 나타내지. 상대도수는 각 구간에 해당하는 사람이 '전체의 몇 %인가'라는 것을 말하는데, 통계에서는 10%보다는 '0.1'이라고 표시하는 편이야.

후지타 그게 아까 말씀하신 종 모양 곡선과는 무슨 상관이 있는 거죠?

소로스 히스토그램의 구간을 아주 작게 좁혀가다 보면, 히스토그램이 종 모양이 돼. 이번 시험 성적의 경우도 정규분포와 거의 비슷해져.

그림 5-3 • 시험 점수를 그래프로 그리면······

후지타 아하~ 그렇군요. 그렇다면 합격 여부는······.

소로스 조금 더 기다려. 정규분포는 평균과 표준편차 두 값으로 정해져. 이번 '통계학 I' 성적에서는 평균이 53점이고, 표준편차가 9점이야(라고 말하면서 그림에 설명을 추가하고 있다.). 이처럼 평균을 기준으로 좌우대칭이 되는 그래프야 (그림 5-3). 평균이 무엇인지는 대충 알고 있을 거고. 표준편차는 그래프가 좌우로 얼마나 퍼져 있는가를 결정하는 값이야. 수학적으로 말하면, '평균에서 변곡점까지의 거리'에 해당하지. 변곡점이라는 것은 '곡선의 형태가 위로 볼록하다가 아래로 볼록하게 바뀌는 (혹은 그 반대) 지점'을 말해. 요컨대······

후지타 제 점수는 44점이니까 '평균 53점에서 정확히 표준편차 9점만큼 왼쪽에' 있는 거군요. 그렇다면 합격 여부는…….

소로스 조금만 더. 이번 시험의 예는, '44점 이하인 학생이 몇 %인가'가 핵심이야. '수강생 중에서 하위 10%만 불합격시킨다.'라는 게 내 방침이거든. 그러니까 '44점 이하인 학생의 비율'이 10%가 안 되면 자네는 불합격되지. 반대로 10%가 넘으면 합격이고. 세부적으로 조금 더 조정할 거니까 딱 맞아 떨어지지는 않겠지만.

후지타 44점 이하인 학생의 수를 알려 주시면, 전체 학생 수로 나누면 되잖아요?

소로스 원리적으로는 그렇지. 하지만 지금은 '정규분포에 근사한다.'라는 것을 알려주는 거야. 정규분포를 가르쳐 주는 것이 나 나름의 교육적 배려라고 할까?

후지타 네. 그럼 일단 정규분포에 근사한다고 하고, 44점 이하인 학생의 비율은 어떻게 구하면 되지요?

소로스 '44점 이하에 해당하는 그래프의 아래쪽 넓이'가 그 비율이야.

후지타 넓이요? 어째서죠?

소로스 먼저 히스토그램으로 생각해 보자. 30점 미만인 학생의 비율은 '0점 이상~10점 미만', '10점 이상~20점 미만', '20점 이상~30점 미만'인 학생의 비율을 모두 합하면 되겠지. 앞에서 설명했듯이, 정규분포는 히스토그램을 구간

구간 좁게 한 거야. 그러니까 어떤 점수 미만인 학생의 비율은 곡선 그래프 아랫부분의 넓이가 되는 거지. '막대(히스토그램)로 잘게 나눈 후 다시 합한다.'라는 것이지.

후지타 그러면 44점 이하인 학생의 비율은 어느 정도 됩니까?

소로스 딱 표준편차만큼 작았지? 그러면 44점 미만인 학생의 비율은 16%.

후지타 저는 합격이네요?

소로스 아마도, 하지만 어디까지나 근사치일 뿐이야.

후지타 해냈어!

소로스 확정된 건 아니라니까. 그런데 정규분포가 뭐라고 했지?

후지타 잊어버렸습니다. 어쨌든 합격입니다.

소로스 나는 뭘 하고 있는 거지? 후지타?

후지타 교수님, 이론에서 좀 자유로워지세요.

소로스 자네는 너무 자유로워서 탈이야, 후지타.

〞

분포가 도출되는 메커니즘

대화편에서 '시험 점수가 정규분포에 가깝다(근사한다)'라고 하였습니다. 제 경험으로도 너무 어렵거나 쉬운 문제가 아니면 시험 점수는 정규분포를 따르는 경우가 많았습니다. 왜 그런 것일까요?

대부분 필기시험이 '여러 문항으로 구성되어 있기' 때문이라고 생각하면 됩니다. 한자 쓰기 시험을 생각해 봅시다.

한 문제당 1점으로 총 20문제, 모두 맞추면 20점 만점이 되는 시험입니다. 단순화하기 위해 부분 점수는 없는 것으로 합니다. 각 문제의 점수는 0점과 1점밖에 없습니다. 사전에 미리 문제의 범위를 알려주지 않고, 무작위(random)로 한자 쓰기가 출제되는 것으로 가정하겠습니다.

이런 시험의 성적은 어떤 분포를 따를까요?

아는 한자라면 맞추겠지만, 모르는 한자는 정확히 추측하기 어렵습니다. 조금 더 단순화하기 위해 '문제마다 난이도가 일정하다고(극단적으로 어렵거나 쉬운 한자는 포함되어 있지 않다고)' 가정하겠습니다.

이러한 가정이라면, 득점의 분포는 '이항분포'가 됩니다. 이항분포는 '일정한 확률로 발생하는 특정한 현상이, 총 N번의 실험 중에서 몇 번이나 발생하는가.'를 나타내는 확률분포입니다. '일정한 확률로 발생하는 현상'이란 한자 쓰기 시험에서 한 문항을 맞추는 것입니다. 그리고 N은 20(20문제)이 됩니다.

한 개의 한자를 알고 있다는(정답을 맞힐 수 있는) 것이 다른 한자를 알고 있을 확률에 영향을 미치지 않을 때 이것을 '독립적이다'라고 합니다. 그리고 독립적인 점수를 합할 때(정답을 맞힌 수는 각 문항의 득점 점수를 합하면 됨) 이항분포가 됩니다.

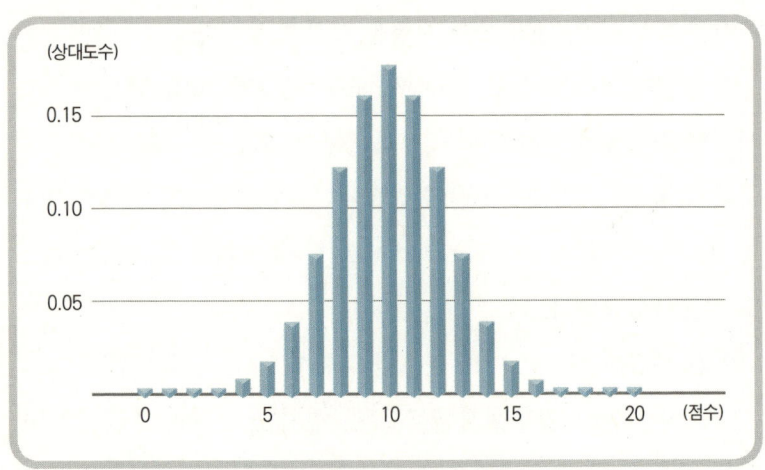

그림 5-4 • 이항분포

이항분포에서 정규분포로

각 문항의 정답률이 50%라고 가정했을 때, 득점의 분포 그래프는 [그림 5-4]가 됩니다. 이 그래프를 보고 '이거 정규분포 아냐?'라고 하신 분도 있을 것입니다.

현명하십니다. 완전한 정규분포는 아니지만, 매우 유사한 분포입니다. [그림 5-4]는 한자 쓰기 시험 문제수가 20개일 때의 것입니다. 문제수(N)를 5, 10, 20, 30일 경우의 이항분포 그래프를 그려보면 [그림 5-5]가 됩니다. 히스토그램으로 표현하면 그래프가 서로 겹치기 때문에 꺾은선그래프로 표현하였을 뿐, 값은 히스토그램과 같습니다.

문제 수를 늘릴수록 평균은 커집니다. 그러므로 히스토그램은

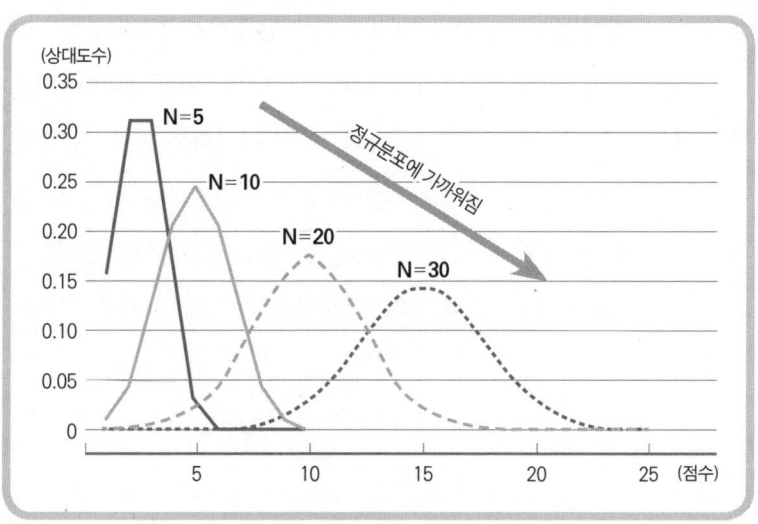

그림 5-5 • 이항분포에서 정규분포로

점점 오른쪽으로 이동하게 됩니다. 가능한 점수는 문제 수가 5개일 경우 0, 1, 2, 3, 4, 5점 총 6가지밖에 없지만, 문제 수가 30개일 때에는 0점부터 30점까지 총 31가지가 됩니다. 그만큼 히스토그램은 좌우로 퍼지게 되고 산마루의 높이는 점점 낮아집니다.

문제 수가 5개일 때에도 30개일 때에도, 그래프에 표시된 평균의 위치가 같도록, 그리고 히스토그램의 폭도 서로 같도록 수정하겠습니다. 그러면 문제수 N이 커질수록, 수정되는 히스토그램은 소로스가 그린 정규분포의 그래프에 가까워집니다.

이 내용은 일반화할 수 있습니다. 독립적인 변수(여기서는 점수)를 여러 개 더해 나가면 그 합계의 분포는 정규분포에 가까워집니다. 표어로 말하자면, '덧셈은 정규분포를 창출한다.'입니다.

덧셈은 시험 점수뿐만 아니라 여러 가지에도 적용됩니다. 전형적인 예가 사람의 키입니다. 사람의 키를 결정하는 것은 두개골, 등뼈, 넓적다리뼈 등의 길이와 연골(뼈와 뼈 사이에 해당하는 부분) 등의 두께를 합한 것입니다. 각 부분의 길이(두께)가 서로 독립적이라고 할 수 있기 때문에, 이들의 합계인 키는 정규분포를 따르는 것입니다.

합격 여부를 가르는 능선

통계학 교과서에 '확률밀도'라는 용어가 나오는데, '밀도'라는 단어는 생략해버리는 경향이 있습니다. 확률밀도는 확률과 달라서 'a와 b 사이의 값일 확률'이나 'a보다도 작은 값일 확률' 등과 같이 범위를 정해야만 비로소 의미가 있게 됩니다.

정규분포에만 해당하는 이야기는 아니지만, 확률밀도와 확률은 [그림 5-6]과 같은 관계입니다. 그래프의 가로축은 확률변수로서 '무작위로 값이 변하는 변수'입니다. 대화편에서 나온 '학생의 성적'이 확률변수에 해당합니다.

정규분포는 평균을 중심으로 좌우대칭인 종 모양의 곡선이라고 하였습니다. 넓이는 표준편차에 의해 결정되기 때문에, 표준편차가 정규분포의 척도가 됩니다.

예를 들어 '점수가 평균에서 표준편차 몇 개만큼 떨어져 있는가.'

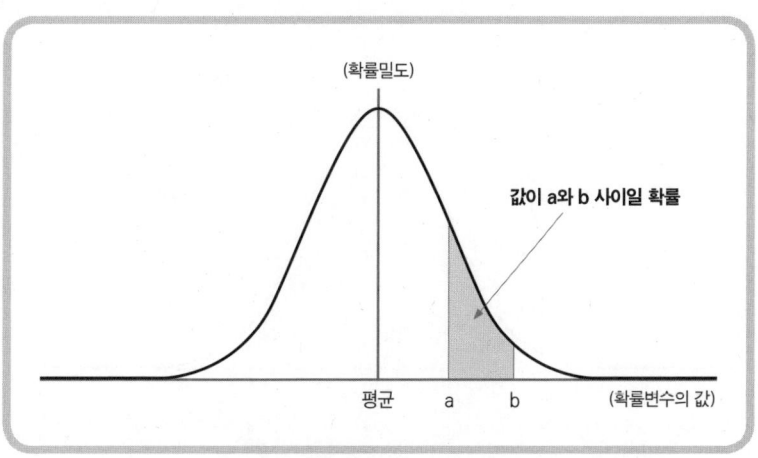

그림 5-6 • 확률밀도와 확률 : 변수가 a와 b 사이의 값일 확률
= 대응하는 그래프의 아래 면적

에 대해서 생각해봅시다. 그 기준은 [그림 5-7]과 같습니다. 이 그림을 보면, 정규분포를 따르는 확률변수의 값이 '평균±표준편차' 사이에 있을 확률은 68%입니다.

대화편에서는 평균이 53점, 표준편차가 9점, 그리고 후지타 학생의 점수는 44점이었습니다. 후지타 학생의 점수는 '평균보다 정확하게 표준편차 1개만큼 작은 점수'입니다. 이때 정규분포가 딱 들어맞는다면, 평균에서 표준편차 1개만큼 작은 점수 아래 즉, 44점 미만인 학생의 비율은 $100 - 50 - (68/2) = 16\%$가 됩니다.

소로스가 "하위 10% 이상은 합격이다."라고 말했으니, 오차를 고려해도 후지타 학생은 아슬아슬하게 합격입니다.

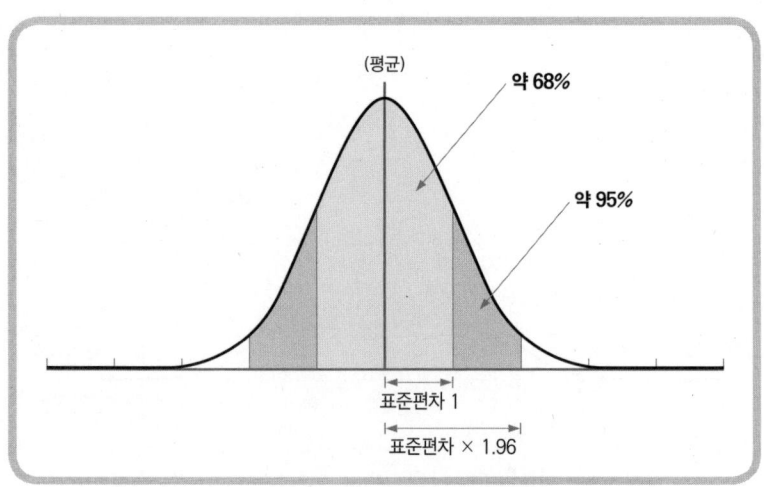

그림 5-7 • 표준편차와 확률

구간 추정과 오차

정규분포는 합격 여부를 추정할 때뿐만 아니라 여러 곳에서 응용할 수 있습니다.

조사·실험에는 오차가 발생하기 마련입니다. 이공계 출신이라면 실험 자료에 오차가 있다는 사실을 잘 알고 있을 것입니다. 사회조사에서도 모든 개인 혹은 세대를 조사하기 위해서는 매우 높은 비용이 소요되기 때문에, 일부를 조사하여 전체를 추정합니다. 그리고 추정에는 필연적으로 오차가 발생합니다. 이러한 오차를 측정하는 데 힘을 발휘하는 것이 정규분포입니다.

예를 들어 일본 총리에 대한 지지율을 조사한다고 합시다. 이야기를 단순화하기 위해, '지지한다.' 혹은 '지지하지 않는다.' 두 선

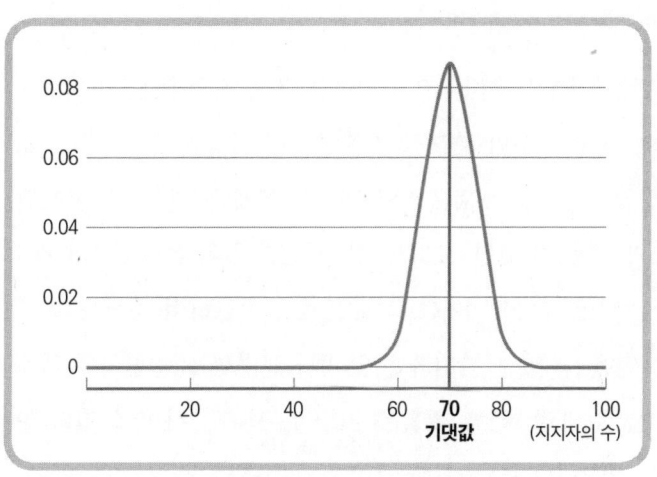

그림 5-8 • 지지자의 분포

택지밖에 없고, '어느 쪽도 아니다.'라는 답변은 없는 것으로 하겠습니다.

총리는 매우 인기 있는 사람으로서, 유권자 전체의 70%가 지지하고 30%가 지지하지 않는다고 합시다. 이 지지율이 사실인지 아닌지는 유권자 전체를 조사해보지 않고서는 알 수 없지만, 오차에 대해서 학습하는 것이 목적이므로 일단은 정확한 지지율을 알고 있다고 가정하겠습니다.

이것을 사회조사로 알아내기 위해 100명을 무작위로 뽑은 후 의견을 들어봅니다. 유권자 전체에서 뽑은 100명을 표본(sample), 표본으로 뽑힌 인원수를 표본 크기(sample size)라고 합니다. 표본에서 한 명을 뽑았을 때, 그 사람이 총리를 지지한다고 표명할 확률은 70% = 0.7이 됩니다.

[그림 5-8]은 무작위로 100명을 뽑는 작업을 몇 번이고 반복했을 때, 지지자 수의 분포를 이항분포를 사용하여 이론적으로 계산한 것입니다(계산 방법은 생략합니다). 이것은 이항분포이지만 정규분포와 매우 비슷한 모양을 하고 있습니다. (이항분포의 평균·분산과 같은 평균·분산을 가지는) 정규분포로 치환하여 계산해 보면, 표본에서 얻을 수 있는 지지율은 앞에서 설명한 표준편차와 확률 간의 관계를 토대로 '95% 확률로 70±9.016(%) 사이에 있다'는 것을 알 수 있습니다.

±9.016%가 (95% 확률을 기준으로 했을 때) 추정의 오차에 해당합니다. 겨우 100명을 무작위로 뽑아서 조사했을 뿐인데, 전체 국민과의 오차는 9% 정도밖에 안 됩니다. 이것은 정말 작은 오차라고 할 수 있습니다.

이처럼 '95% 확률로 ○%~○%의 범위에 있다.'라고 할 때, 해당하는 범위를 '95% 신뢰구간'이라고 합니다.

관심 있는 분을 위해 95% 신뢰구간에 해당하는 근사식을 [그림 5-9]에 써 놓았습니다. 원래의 비율(앞의 예에서는 지지율)이 p일 때의 근사식입니다. 여기에 쓰여 있는 1.96이라는 숫자는, [그림 5-7]에 있는 것과 같이 '평균±(1.96×표준편차)의 범위에 95%의 데이터가 있다.'에서 나온 숫자입니다. 표본 크기 n이 클 때 (대략적인 기준으로는 100 이상), 95% 신뢰구간은 그림과 같습니다.

이 식에는 루트가 포함되어 있으므로, 정밀도를 2배로 (신뢰구

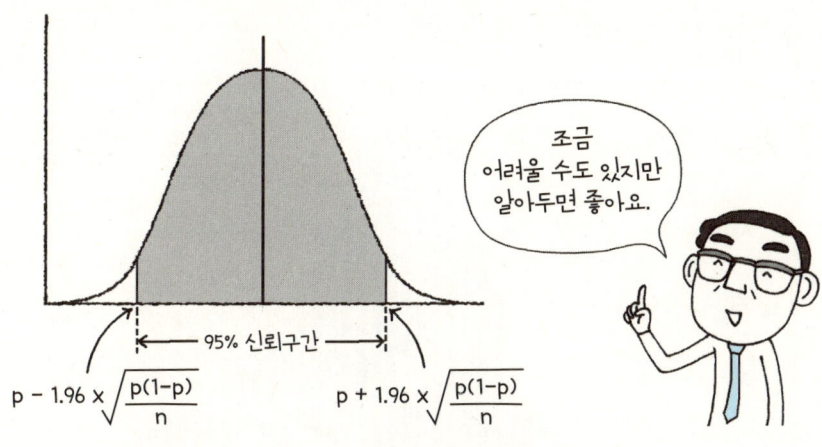

그림 5-9 • 95% 신뢰구간

간의 폭을 반으로) 하기 위해서는 표본 크기를 $2^2=4$배로 해야 합니다. 정밀도를 높이기(신뢰구간의 폭을 좁히기) 위해서는 표본 크기를 크게 해야 합니다. 사회조사에서 표본 크기를 정하는 것이 까다롭다고 하는 이유는, 표본 크기가 커지면 정밀도가 높아지지만, 조사 예산도 늘어나기 때문입니다. 이 공식을 이용하면 선거 출구조사에서 개표가 끝나기 전에 당선(당선 확실)을 판정할 수 있습니다.

정규분포가 맞는지

앞에서 '시험 점수가 정규분포에 가깝다.'라고 했지만, 언제나 그런 것은 아닙니다. 정규분포를 따르는지 아닌지 미묘하게 알 수 없는 예로는 다음과 같은 것이 있습니다.

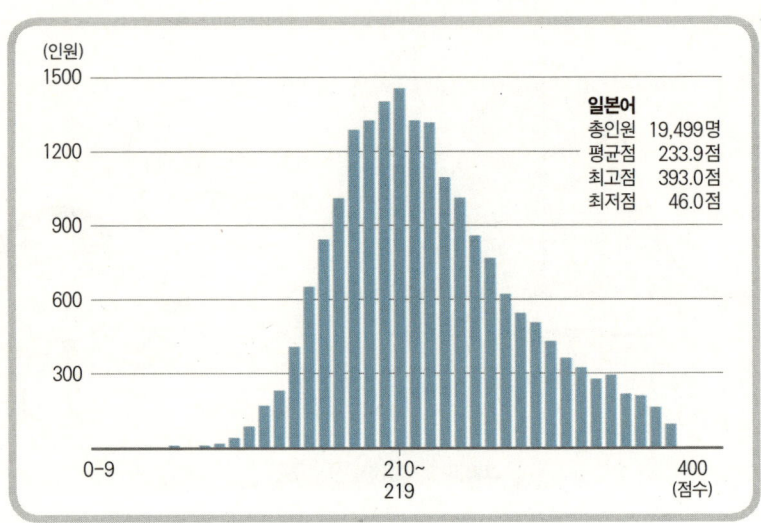

그림 5-10 • 일본 유학시험 득점 분포 (10점 구간)

[그림 5-10]은 2007년 일본 유학시험에서 일본어 과목의 득점 분포입니다. 보시는 바와 같이, 득점분포는 좌우대칭이 아니라 고득점 쪽으로 더 치우친 모양입니다.

통계학에서는 '(점수 등과 같은) 데이터 분포가 정규분포라고 가정해도 되는가'를 검정하는 방법이 있습니다. 이것을 정규성 검정이라고 부릅니다. 검정이란 계산으로 가설이 맞는지 아닌지를 확인할 때 사용하는 통계용어입니다.

예로 든 일본유학시험의 경우는 원자료가 없으므로 최종적인 판단을 할 수는 없지만, 적어도 '정규분포라고 할 수 있는지 확인할 필요가 있다.'는 것은 알 수 있습니다.

5장 정리

- 정규분포는 독립적인 확률변수(무작위로 변하는 양)의 덧셈으로 나옵니다.
- 정규분포의 확률밀도는 평균과 분산(표준편차)만으로 결정되는 종 모양의 곡선입니다.
- 확률밀도 그래프의 아랫부분에 해당하는 면적이 관련된 확률을 나타냅니다.
- 정규분포에는 평균 ±(1.96×표준편차) 범위 내에 95%의 데이터가 있습니다(구간추정). 이것을 이용하면 당선 여부 등을 판단할 수 있습니다.
- 독립적인 변수를 더하면 정규분포가 나옵니다.
- 언뜻 보기에는 정규분포처럼 보이지만 비대칭인 경우도 있습니다.

 ## 6장 주식투자 사기 사건

집에 오니 고급 초밥과 시원한 맥주가 소로스를 기다리고 있다.

소로스 오늘 누구 생일이었어?

히로미 아니, 오늘 아침에 오랜만에 초등학교 동창한테서 전화가 왔는데, 좋은 정보를 알려주더라고. 미리 축하할 겸, 같이 마시려고.

소로스 좋은 정보? 무슨?

히로미 호호, 투자 정보야.

소로스 무슨 투자? 또 아파트 투자?

히로미 아파트 말고, 주식투자 잘하는 법이 나왔대. 이 중에서 몇 몇을 선택하여 투자하면 투자금이 두 배가 될지도 모른대.

게다가 손실 볼 위험을 제어할 수도 있대. 이거 봐봐. "지난 40년 이상의 주가를 분석해서, 1년에 자산의 25% 이상은 손실 나지 않도록 하는 리스크 헤지가 가능하다고 검증되어 있습니다."라고 쓰여 있어. 100만 엔이면 최악의 경우라도 손해는 25만 엔까지잖아. 좋지?

소로스 그건 거짓말이야.

히로미 왜 무조건 부정적이야? 투자를 나쁘게만 보는 거 아냐?

소로스 그건 아니야 (당신 몰래 주식투자 하고 있거든요). 그것보다 이 문장 이해돼?

히로미　날 바보 취급하는 거야? 당연히 이해하지.

소로스　나는 이해가 안 되는데. 이 문장 말이야, "25% 이상의 손실은 절대로 발생하지 않습니다."라고 쓰여 있는 건 아니잖아.

히로미　리스크 헤지 된다잖아.

소로스　무슨 뜻인지 알아?

히로미　'위험을 회피할 수 있다.'라는 의미잖아.

소로스　그건 그냥 영어를 번역한 것이잖아.

히로미　그게 그 말 아냐?

소로스　글쎄……, 위험은 누가 회피시켜 주는데?

히로미　전문가가 해주지. 정말 대단한 사람이야. 동경대 출신에, 하버드에서 MBA를 마치고 박사까지 한 사람이 설명해 준다니까?

소로스　당연히 전문가라고 하겠지. 나도 박사니까 그딴 거에 혹하지 말고. 나한테는 "리스크 헤지가 가능하다고 검증되어 있습니다."라는 문장이 아무런 의미도 없는 것 같거든. 요컨대 잘하기만 하면 못 할 것도 없다, 그 정도의 의미일 뿐이지.

히로미　그래도 일단은 잘 해주겠다는 말이잖아.

소로스　뭔가 모호한 말로 도망치는 느낌이야. 1년에 자산의 25% 이상은 손실 나지 않도록 한다는데, 도대체 그걸 어떻게 보증할 수 있느냐고? 세계금융위기 때 2008년 한 해 동안 뉴욕 다우지수(다우존스 우량 30개 기업 평균)가 33.8%나 하락했다고. 겨우 1년 만에.

히로미 그게 아냐. 다우인지 뭔지가 아니라고. 여러 기업에 나누어 투자해서 전문가가 운용하는 거래. 분산투자하니까 위험이 줄어든단 말이야. 당신 투자신탁이라고 몰라?

소로스 세계금융위기로 리먼브라더스가 파산했잖아. 계네들 대단히 유능한 투자전문가들이었어. 엘리트 중의 엘리트였다고. 그 유명한 투자은행 LTCM(Long Term Capital Management)에는 박사뿐 아니라 노벨상 수상자까지 있었는데도 러시아 채권 위기로 파산했잖아.

히로미 너무 위험한 데 투자한 것 아냐?

소로스 물론 그런 측면도 있지만……

히로미 그러니까 분산투자하면 안심해도 되는 거야. 달걀을 한 바구니에 넣으면 전부 깨어질 수 있으니까. 이게 분산투자 이론이라고, 그렇게 적혀 있어. 이 그래프 봐. 마코위츠라던가 하는 노벨 경제학상을 받은 사람의 이론이라고.

소로스 그래, 효율적 프론티어. 마코위츠의 이론은 단순한 이차함수 이야기지만 말이야. 다우지수라는 것은 주요 종목들을 균등하게 사는 포트폴리오의 결과야. 그게 33.8%나 하락한 거라고.

히로미 그러니까 더 잘하면 되잖아. 여기서는 꼭 사야 할 종목까지 쓰여 있다고. 지난 40년 동안의 데이터를 봐도 최대 23.8%까지밖에 손실 나지 않았대. 이건 어떻게 설명할 거야?

소로스 그 정도는 나도 할 수 있어.

히로미 그래? 해봐 그럼.

소로스 먼저, 지난 40년 동안의 주가 데이터를 준비해. 다음으로 그중에서 별로 떨어지지 않은 종목을 선택해서 포트폴리오를 짜. 연간 최대 하락률이 25% 넘는 종목도 몇몇 정도는 섞어두면 신빙성이 더 높아지려나. 뭐 어쨌든, 40년 동안에 특히 높은 이익률을 낸 종목과 좋지 않았던 종목들을 마구마구 섞어. 물론 전체적으로는 하락률이 25% 이상은 되지 않도록. 이것으로 지난 40년의 데이터를 분석한 결과를 이용하여 최대 25% 이하로밖에 '하락하지 않았다'라는 포트폴리오 완성. 어때?

히로미 그러네. 나중에 잘 된 종목을 고르면 되는 거였네.

소로스 마지막으로, 동경대를 나와서 하버드에서 MBA를 받고 MIT에서 박사학위를 딴 사람의 이름을 빌려 넣는다. 그러면 신빙성이 더 높아지지. 그 사람한테서 "기다리다 보면 오릅니다." 따위를 몇 마디 부탁해서는, 한 판 끝냈다는 식이지. 가공의 인물일 수도 있고.

히로미 그렇구나. 당신도 만들 수 있는 거였구나.

소로스 그다음에는 모인 돈을 갖고 도망치기. 누워서 떡 먹기지.

히로미 그럼 우리도 한번 해볼까?

소로스 그건 범죄입니다.

"

이번 장의 내용은 통계에서 조금 벗어난 이야기라고 느끼는 분도 있을 것입니다. 그러나 지금부터 설명할 분산투자의 이론은 1장부터 5장까지 다룬 기초 개념을 응용한 것입니다. 직접 사용하는 개념은 평균, 분산(표준편차), 상관관계 세 가지이며, 머릿속에 정규분포를 두고 있으면 됩니다.

겨우 이 정도의 개념으로 노벨상급의 이론을 이해하는 귀중한 기회라고 생각합니다. 1부를 마무리한다는 느낌으로 기분전환 겸 머리를 정리해보겠습니다.

분산투자란

분산투자는 투자 위험을 줄이기 위한 가장 기초적인 방법입니다. 간단히 설명하자면 다음과 같습니다.

당신은 지금 석유회사 엑슨의 주식을 구매하려 합니다. 그러나 가진 돈 모두를 엑슨 주식에 투자하는 것은 위험합니다. 엑슨 사에 어떤 예측 불가능한 사태가 발생할지 모르기 때문입니다. 다른 회사의 주식에도 '분산하여' 투자하는 것이 안전합니다.

그러나 단순히 다른 회사라는 것만으로는 충분하지 않습니다. 예를 들어 '엑슨 주식 외에 셸 석유회사의 주식도 산다.'라는 것은 현명하지 않습니다. 원유 가격에 무슨 일이 생길지 모르기 때문입니다. 주가가 같이 움직이지 않는 (즉 상관관계가 낮은) 주식에 나누어 투자하지 않으면 안전성은 높아지지 않습니다. 예를 들어

100만 엔이 있다면 '구글에 60만 엔, 코카콜라에 40만 엔'처럼 투자하는 것이 좋습니다.

이런 조합은 변경 가능합니다. '구글에 30만 엔, 코카콜라에 70만 엔'이라는 비율도 괜찮습니다. 이러한 비율의 조합 (0.6, 0.4), (0.3, 0.7) 등을 '포트폴리오'라고 합니다.

두 개의 회사만을 예로 들었지만, 원리적으로는 100개 회사나 1,000개의 회사에 분산해도 괜찮습니다. 참고로 '분산투자'에서의 '분산'은 통계용어로 소개했던 분산이 아니라 다수 종목에 나눈다는 의미입니다.

노벨상 수상자의 머릿속

분산투자라는 사고방식을 수학적으로 정리하여, 실제로 어느 주식을 얼마나 사는 것이 좋은지 계산하는 방법을 찾은 사람이 해리 마코위츠입니다.

당연한 말이지만, 투자자는 '이익을 최대화하려' 합니다. 더 정확하게 표현하면 수익률을 최대화하려 합니다. 이와 동시에 '위험은 최소화하려' 합니다.

수익률은 투자에 대한 이익의 비율입니다. 예를 들어 '1분기 동안 1주에 100엔 하는 주식을 1만 주 보유한 후 기말에 판다.'라고 생각해봅시다. 투자금액은 100엔×1만 주=100만 엔입니다. 주가가 올라서 기말에는 총 120만 엔이 되었고, 배당금은 1주당 5엔이 되었다고 합니다. 총배당금은 5엔×1만 주=5만 엔입니다.

기말에 받게 되는 총이익은 120만 엔+5만 엔-100만 엔=25만 엔이 됩니다. 그리고 수익률은 이익÷투자금액이므로 25%가 됩니다.

현실적으로 주가나 배당금은 오를 때가 있으면 떨어질 때도 있습니다. 수익률은 변화하고 완전히 예측하는 것은 불가능합니다. 하지만 수익률의 평균을 계산하는 것은 가능합니다.

기대수익률이 최대가 되는 포트폴리오를 구성하면 되는 것일까요? 그렇다면 기대수익률이 최대인 기업의 주식만 사면 된다는 결론이 나옵니다. 하지만 이 경우에는 해당 기업의 주가가 크게 떨어지면 큰 손실을 보게 됩니다. 즉 투자할 때에는, '수익을 최대화하는 것과 동시에, 큰 변동이 없는 것으로' 포트폴리오를 구성해야 합니다.

마코위츠는 이 변동의 기준으로 '수익률의 분산을 최소화하면 된다.'라는 것을 생각해냅니다. 그래서 '수익률은 가능한 한 높게, 동시에 위험은 최소화한다'는 목적을 달성할 수 있게 되었다는 것입니다.

분산으로 분산을 줄인다

분산투자로 위험이 줄어든다고들 하는데, 그렇다면 위험이란 무엇일까요?

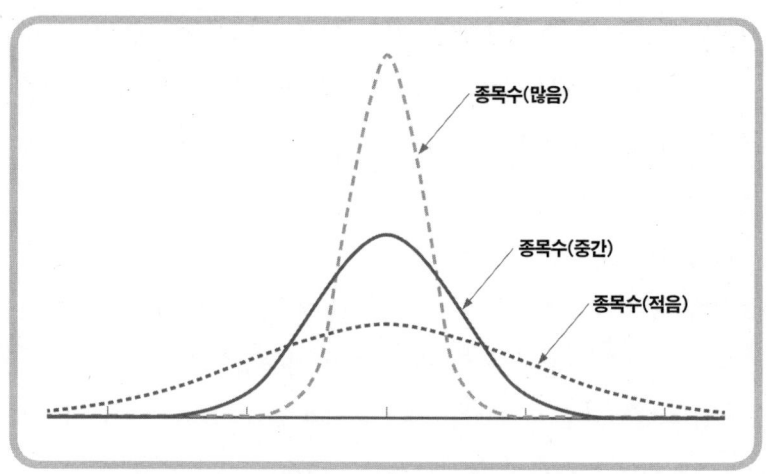

그림 6-1 · 분산 감소 효과

그것은 수익률의 분산(variance)을 말합니다. 수익률의 분산이란 시시각각 변화하는 수익률 데이터로부터 계산된 분산인데, 분산투자(diversified investment)의 분산과는 다릅니다. '분산투자로 분산이 줄어든다.'라는 헷갈리기 쉬운 얘기라서 죄송합니다.

분산투자를 하면 왜 위험이 줄어드는 것일까요? 서로 상관관계가 없는 종목의 주가는 동시에 오르거나 내리는 경향 없이, 올라가는 종목이 있으면 내려가는 종목도 있습니다. 즉 따로따로 움직입니다. 그 결과 이들을 모두 합하면 변동성(분산)이 줄어들게 됩니다.

포트폴리오를 구성한 종목의 개수가 증가할 때 수익률의 분포가 어떻게 변하게 되는지, 그림으로 나타낸 것이 [그림 6-1]입니다.

종목 수가 적을 때는 산마루가 낮고 옆으로 퍼지는 분포입니다. 가격 변동이 심해서 대박이 날 가능성도 높지만 큰 손해를 입을 가능성도 높습니다. 종목 수를 늘리면 산마루는 높아지고 폭은 좁아집니다. 가격 변동이 잠잠해지는 것입니다.

이것이 '서로 독립적으로 변화하는 많은 종목에 분산투자하면 위험이 줄어든다.'라는 현상의 본질입니다.

효율적 프론티어

마코위츠가 '기대수익률과 수익률 분산 간의 관계'를 조사한 결과, [그림 6-2]와 같습니다.

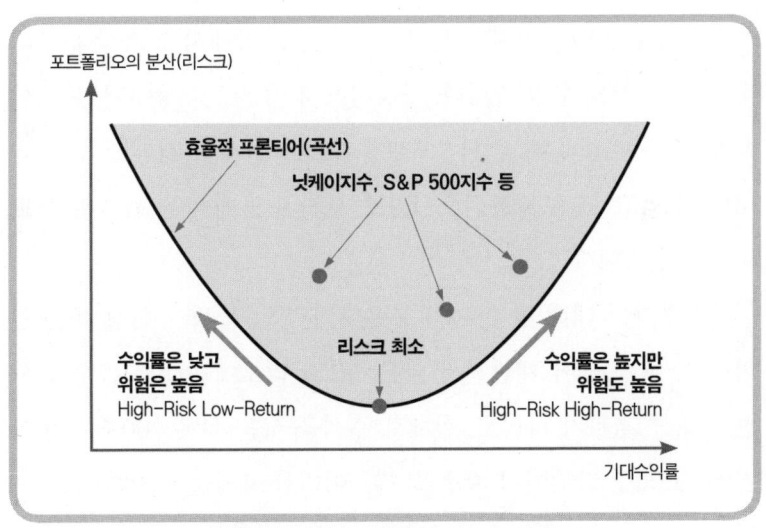

그림 6-2 · 기대수익률과 리스크의 관계

어디선가 본 적이 있는 그래프이지요? 그렇습니다. 친숙한 이차함수(포물선) 그래프입니다.

포트폴리오를 마음대로 구성했을 때, 위험(분산)은 반드시 이 포물선의 위쪽 영역(푸른색)에 들어갑니다. 예를 들어 '닛케이 평균'이나 'S&P 500 지수'는 다양한 종목에 분산투자하는 포트폴리오라고 할 수 있으므로 그것을 보유했을 때의 위험은 푸른색 영역에 들어갑니다.

같은 수익률이라면 위험은 낮은 쪽이 좋겠죠. 그렇게 하면 '푸른색 영역의 선 즉, 정확하게 포물선 그 자체'에 해당하는 포트폴리오가 가장 바람직하다(효율적이다)고 할 수 있습니다.

그래서 이 포물선을 '효율적 프론티어'라고 부릅니다. 프론티어란 경계, 변방, 국경 등을 의미합니다.

효율적 프론티어는 포물선이므로 포물선 중에서도 가장 위험이 작은 점을 찾을 수 있습니다. 마코위츠의 이론을 적용하면, 위험이 최소가 되는 점에 해당하는 포트폴리오를 실제로 계산할 수 있습니다. 그리고 그 포트폴리오야말로 투자자가 원하는 최적의 포트폴리오가 됩니다.

주식투자에 대해 잘 아시는 분은 기술적인 문제가 신경 쓰일 것입니다. 예를 들어 계산해서 나온 포트폴리오에는 123.45주를 사면 된다는 결과가 나와도, 실제로 주식을 사는 것은 100주 단위이거나 1,000주 단위이기 때문입니다. 이러한 제약을 고려하면 그 문제는 단순한 이차함수가 아니지만, 컴퓨터로 계산은 가능합니다.

▎너무 좋은 말은 조심

여러 가지 종목에 분산투자하면 위험이 감소하는 것은 사실이지만, 그와 동시에 기대수익률도 감소하게 됩니다. 이것은 이론적으로 피할 수 없는 부분입니다. 위험을 짊어지고 높은 수익률을 노리든지, 낮은 수익률이더라도 안전한 것에 만족하든지 해야 합니다. 낮은 위험으로 높은 수익률을 바랄 수는 없습니다.

자세한 내용은 15장에서 다시 살펴보겠지만, 정규분포에 근거하여 계산하면, 변동률이 커질수록 즉, 주가의 움직임이 커질수록 그러한 현상이 발생할 확률은 급격히 줄어들고, 머지않아 무시할 만큼 작아집니다. 그러나 실제로는 주가의 변동 폭이 극단적으로 커지는 확률이 무시할 수 없을 정도로 높은 편입니다. 그러므로 분산투자를 했음에도 불구하고 크게 손실을 보는 (반대로 크게 이익을 보는) 경우가 있습니다. 또한, 평소에는 연동하지 않다가도 세계금융위기 같은 큰 사건이 발생하면 한꺼번에 매도에 들어가므로 위험 감소 효과가 없는 경우도 있습니다.

분산투자로 위험이 줄어든다고 할 수는 있지만, 안전하다고 장담할 수는 없습니다. 너무 좋아 보이는 투자 이야기는 주의하십시오.

6장 정리

- 분산투자의 본질은 가능한 한 상관관계가 낮은 주식에 나누어 투자하는 것입니다.
- 어느 주식에 얼마만큼 배분하는가를 포트폴리오라고 합니다.
- 포트폴리오의 기대수익률과 수익률 분산(위험) 사이에는 이차함수 관계(효율적 프론티어)가 있고, 적당한 기대수익률을 선택하면 위험은 최소가 됩니다.
- 분산투자를 한다고 해서 위험이 완전히 소멸하는 것은 아닙니다.

2부

숨겨진 관계를 밝혀내다

2부에서는 통계학의 대표적 기법 중에서 자주 사용되는 '검정'과 '회귀분석'에 대해서 살펴보겠습니다.
수식 없이 설명하기에는 다소 어렵고 곤란한 내용이기에, 친숙한 일상 소재와 시뮬레이션, 그림 등을 많이 이용하였습니다. 통계학 전문서적을 이해하는 데 많은 도움이 될 것입니다.

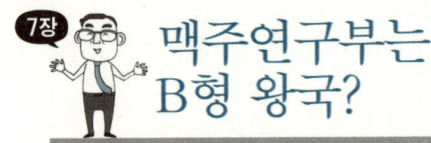

7장 맥주연구부는 B형 왕국?

"

모아   우리 동아리에는 B형이 특히 많아, 확실해. 독특한 아우라가 넘쳐서 숨 막혀 죽을 지경이라니까.

소로스   또 B형 비판이냐. 그만 좀 하자. 그러고 보니 너 맥주연구부지?

모아   응. 느껴진단 말이야, 아빠와 비슷한 무엇인가가.

소로스   B형은 학자 체질이니까. 연구부에 지성이 넘치겠네…… 라고 하고 싶지만, 그건 우연일 뿐이야!

모아   그렇게 말할 줄 알았지요.

소로스   어쭈?

모아   히히히. 사실은 데이터가 있거든.

소로스   오! 역시 내 딸다워.

모아   직접 물어서 조사한 결과 데이터는 이렇게 나왔지요(표7-1).

혈액형	A	O	B	AB	합계
사람 수	31	25	29	11	96

표 7-1 · 맥주연구부원의 혈액형 분포

소로스   96명이나 되니? 아주 큰 동아리네.

모아   그렇지? 그곳에서 내가 회계를 맡고 있어. 권력자지.

소로스   회계가 권력자라고? 그건 너만의 착각이겠지……. 그건 그렇고, B형이 많아 보이긴 하네. 일본인의 A형 : O형 : B형 : AB형의 비율은 대충 4 : 3 : 2 : 1이 될 텐데, B형이 O형보다 많은데다가 A형과도 별 차이 안 나네.

모아   그렇지? B형 왕국인 거지. 그런데 'B형이 확실히 많은지 아닌지'를 통계적으로는 어떻게 판단하더라?

소로스   그건 전형적인 카이제곱검정의 문제이지.

모아   검정이라니?

소로스   음, 이 상태라면 처음부터 설명해줘야겠군. 지금부터 강의를 시작하겠습니다.

모아   그렇게 일어나실 것까지야.

소로스   오늘의 통계학 I 에서는 통계용어의 기초지식에 대해 설명하겠습니다. 이번 예에서, 일본인 전체를 '모(母)집단', 맥주연구부원을 '표본(샘플)'이라고 합니다.

모아 엄마(母)들의 집단이라고? 그건 좀 무서운데? 하하하.

소로스 영어로는 population이라고 하는데 엄마와는 전혀 관계 없으니까 안심해. 부원들은 일본 전국에서 왔으니까, 통계에서는 '모집단에서 표본을 추출한다.'라고 해석해. 그것을 표본추출(sampling)이라고 하지. 그리고 일본 전국에서 어디에도 치우치지 않도록 (무작위로) 맥주연구부에 모였다고 할게. 이처럼 무작위로 뽑는 것을 '무작위 표본추출(random sampling)'이라고 해.

모아 우리 대학은 도쿄 출신이 많은데?

소로스 원래는 그것도 고려해야 해. 일단은 그냥 각 지역에서 골고루 모였다고 가정하자.

모아 그렇게 세세한 것까지 고려하지 않아도 되는 거야?

소로스   통계를 자유자재로 다루기 위해서는 너무 완벽하려고 하지 마. 결과가 좀 미묘하면, 그때 세세한 것까지 반영하면 된다고. 이렇게 가정하면, A형, O형, B형, AB형 각각의 기대인원수가 계산되지? A형은 대략 4할이니까, 96명 중 40%인 38.4명이 예상된다는 식으로 계산하는 거지. 실제로는 기대인원수에 꼭 맞는 경우는 거의 없고, 40명이나 35명 정도로 조금씩 빗나가겠지만. 그렇다고 아주 큰 차이로 빗나가는 경우도 별로 없어.

모아   그렇지만 '계산으로는 38.4명이 나와야 하는데 실제로는 5명이었다.' 같은 경우는 어떻게 돼?

소로스   그렇게 말도 안 되는 수가 나왔을 경우에는 '맥주연구부의 혈액형 분포는 전국의 혈액형 분포와 다르다.'라고 판단하게 돼. 이것이 검정이라는 거야.

모아   '말도 안 되는 수'인지 아닌지는 어떻게 판단해? 판단하는 기준이 정해져 있어?

소로스   물론이지. 우선 기준을 정해 놓고, 그 기준보다 큰지 작은지에 따라 판단하는 거야. 그 기준을 '유의수준'이라고 하지.

모아   그런 숫자가 나올 확률이 1% 이하가 되면 이상한 거야?

소로스   1%로 할 때도 있지만, 많이 사용하는 기준은 5%야.

모아   딱 정해진 기준이 있는 건 아니구나. 뜻밖에 융통성이 있다고 할까? 어찌 보면 대충대충 하는 거구나.

소로스   카이제곱검정 그 자체는 대충 하는 게 아니야. 카이는 χ라

	고 써. 그리스 문자로 엑스야. 카이제곱검정에서 나온 카이제곱값은, 간단히 말하자면 벗어난 정도를 나타내.
모아	그런데 아빠, 벌써 해도 지기 시작했는데 이제 슬슬 검정해주시면 안 될까요?
소로스	검정하기 위해서는 조금 더 정확한 일본인 혈액형 분포가 필요한데, 이건 네가 조사해봐.
모아	응. 인터넷으로 검색해볼게. 여기 있네.
소로스	좋아, 이 데이터면 될 것 같네.
모아	어라? O형과 B형이 비슷한 비율이었어? 4 : 3 : 2 : 1이 아니네. 안 좋은 예감이 드는데.
소로스	일단 해보자. 카이제곱검정에 적용해보면(소로스가 데이터를 소프트웨어에 입력한다.) 결과는 카이제곱값이 2.5408.

혈액형	A	O	B	AB
사람 수	38.6	27.0	25.4	9.0

표 7-2 • 일본인의 혈액형 분포 (NPO 혈액형 인간과학센터 조사 결과)

모아	그게 무슨 의미야?
소로스	만약 맥주연구부의 혈액형 분포가 전국 혈액형 분포와 같다면 카이제곱값은 0이 되지. 반대로 카이제곱값이 크면 클수록 일반적이지 않은 일이 일어날 확률이 높아지는 거야.
모아	그래서 이 카이제곱값으로 어떤 결론이 나온다는 거야?

소로스 이것만으로는 아무것도 말할 수 없어. 카이제곱검정으로 P값이라는 것을 도출하는 것이 최종목적이니까.

모아 카이제곱검정이라고 하니까 당연히 카이제곱값이 제일 중요하다고 생각했지.

소로스 오해하기 쉽겠네. 아무튼, 중요한 P값 말인데…… 0.468이야.

모아 P값은 무엇을 의미해?

소로스 카이제곱값이 이 수치 이상이 될 확률.

모아 그렇다면 '전국의 혈액형과 같은 비율의 사람들이 우연히 우리 동아리에 들어왔다고 해도, 지금 같은 비율이 될 확률이 46.8%나 된다.'라는 얘기야?

소로스 바로 그거야. 아쉽겠지만.

모아 B형 왕국은 그냥 착각이었던 거구나. 괜히 고생만 했네.

소로스 하하하. B형이 그렇게 이상한 존재는 아니라고 생각하는데.

모아 아침부터 혈액형만 묻고 다녔더니 어느새 저녁이 되었다고요. 내 하루를 돌려줘.

소로스 뭐 그럴 때도 있는 거지. 오늘은 괜찮은 맥주 사왔으니까 같이 마시자.

모아 오, 내 사랑 맥주. 마셔요, 마셔.

"

귀무가설

대화편에 나온 표를 어디선가 본 적 있지요? 여러 조사 결과들은 이런 형태로 많이 정리합니다.

대학생을 대상으로 "당신은 앞으로 해외에서 생활해 보고 싶습니까?"라고 질문했다고 합시다. 가상의 예이니 별다른 의미는 없지만, 그 결과는 [표 7-3]과 같은 형태로 정리합니다.

	그렇다	어느 쪽도 아님	그렇지 않다
남	11	10	25
여	18	12	17

표 7-3 • 교차표의 예 – 설문조사 결과

이 표는 2×3인 교차표입니다. 이처럼 가로×세로의 순서로 표현되어있는 표를 교차표(또는 분할표)라고 합니다. 대화편에 나온 것은 1×4인 교차표입니다. 이름 그대로 교차표에는 교차한 부분의 속성에 맞는 숫자가 들어갑니다. 교차표를 검정할 때는 대부분 카이제곱검정을 사용합니다.

실제로 검정할 때에는, 먼저 가설을 세우고 그 가설이 얼마만큼의 확률로 맞는지를 확인합니다.

대화편의 예로 세운 가설은 '맥주연구부원의 혈액형 분포는 일본인의 혈액형 분포와 같다.'라는 것입니다. 모아는 이 가설이 틀리길 바랐습니다. 무(無)로 돌아가고 싶은 가설이라는 뜻으로 '귀무(歸無)가설'이라고 부릅니다.

반대로 '맥주연구부원의 혈액형 분포는 일본인의 혈액형 분포와 다르다(같지 않다)'라는 가설을 '대립가설'이라고 합니다.

관측도수와 기대도수

카이제곱검정을 할 때, 실제로 관측된 인원수나 개수, 사건·사고의 횟수 등을 '관측도수'라고 합니다. 대화편의 예로 말하자면 A형, O형, B형, AB형의 관측도수는 각각 31명, 25명, 29명, 11명입니다.

한편 '기대도수'란 기대(예상)되는 인원수나 개수, 사건·사고의 횟수 등을 말합니다. 대화편에서 전국의 A형, O형, B형, AB형의 비율이 각각 0.386, 0.270, 0.254, 0.090이고 부원은 총 96명이었습니다. 만약 귀무가설이 옳다면 즉, '부원의 혈액형 분포가 전국의 혈액형 분포와 같다면' 기대되는 인원수=기대도수는 다음과 같습니다.

- **A형의 기대도수** = 96 × 0.386 = 37.056명
- **O형의 기대도수** = 96 × 0.270 = 25.92명
- **B형의 기대도수** = 96 × 0.254 = 24.384명
- **AB형의 기대도수** = 96 × 0.090 = 8.64명

우리는 다른 걸까?

카이제곱검정을 하기 위해서는 그다음으로 '관측도수와 기대도수가 어느 정도 차이가 나는지'를 측정해야 합니다. 이를 위한 방법을 생각해 봅시다.

한 가지 아이디어로서, '〈관측도수 – 기대도수〉의 제곱을 교차표의 칸(cell)마다 합한 것을 차이의 척도로 한다.'라는 것은 어떻습니까? 괜찮은 생각이지만 '〈관측도수 – 기대도수〉의 제곱'이라는 척도는 표본 크기가 클수록 함께 커집니다. 비율은 같지만 표본 크기에 따라 척도가 변한다면 곤란합니다.

이러한 문제점을 없애기 위해 '〈관측도수 – 기대도수〉의 제곱'을 기대도수로 나눕니다. 식으로 정리하면 [그림 7-1]이 됩니다. 교차표의 셀마다 이 수치를 계산한 후 모두 합하면 카이제곱값이 됩니다.

- 얼마나 어긋나 있는지를 계산하는 방법

$$\frac{(관측도수 - 기대도수)^2}{기대도수}$$

- 맥주연구부의 A형에 적용하면

$$\frac{(A형\ 부원수 - A형\ 기대도수)^2}{A형의\ 기대도수} = \frac{(31 - 37.056)^2}{37.056}$$
$$= 0.989721934$$

그림 7-1 • 데이터(관측도수)가 어긋난 정도를 계산

맥주연구부에 적용해 각각의 혈액형에 해당하는 수치를 계산하면 다음과 같습니다.

- A형: 0.989721934
- B형: 0.873829396
- O형: 0.032654321
- AB형: 0.64462963

이 숫자들을 모두 합하면 2.540835가 되는데 이것이 바로 카이제곱값입니다.

대화편에서 소로스가 말한 것처럼, 만약 모든 셀의 값이 기대도수와 같다면 카이제곱값은 0이 됩니다. 반대로 카이제곱값이 크면 클수록 기대된 도수에서 벗어난, 말하자면 '이상 사태'에 가까워집니다.

여기서 '이상(異常)'이라는 것은 '일어나기 어려움'을 의미합니다. 그리고 이 '일어나기 어려움'은 확률로 나타낼 수 있습니다. 예를 들어 맥주연구부의 혈액형에서는 카이제곱값이 7.815보다 클 확률은 5% 미만, 11.34보다 클 확률은 1% 미만이라는 사실을 이후에 설명할 카이제곱분포에서 확인할 수 있습니다. 즉 카이제곱값이 크면 클수록 그에 해당하는 확률은 낮아집니다.

이러한 의미에서 카이제곱값은 일종의 '이상함의 척도'라고도 할 수 있습니다. 그렇다면 맥주연구부에서 나온 카이제곱값 2.540835라는 수치는 어느 정도의 벗어남(이상함)을 나타내고 있는 것일까요?

카이제곱의 파트너 자유도

카이제곱검정을 할 때 미리 계산해야 할 값에는 카이제곱값 외에 하나가 더 있습니다. 바로 '자유도'입니다.

자유도란 이름 그대로 '자유롭게 움직일 수 있는 변수의 수'라는 것인데, 뜻밖에 정확하게 이해하기 어렵습니다. 학생들로부터 "변수라면 모두 자유롭게 변할 수 있는 것 아닌가요?"라는 질문을 자주 받습니다. 이름이 적당치 않아서 그런 것인지도 모르겠지만, 영어로도 'degree of freedom'이라고 합니다.

자유도를 구해야 하는 이유는 단 하나, 가설이 맞는지 판정할 때 쓰이는 분포(카이제곱분포)가 자유도에 의해 변하기 때문입니다. [그림 7-2]를 보시기 바랍니다. 이 그래프의 가로축은 카이제곱값, 세로축은 확률밀도를 나타냅니다. 자유도가 달라지면 카이제곱값으로부터 계산되는 확률도 변하게 됩니다.

자유도를 구하는 방법에 대해서 간단하게 설명하겠습니다. 요즘에는 소프트웨어로 계산하는 일이 많으니까, 계산 방법이 어렵게 느껴지면 건너뛰어도 괜찮습니다.

정의를 내리면, '자유도는 〈독립적으로 분포하는 변수의 수〉에서 〈추정 파라미터의 수〉를 뺀 값이다.'입니다. 이 정의를 이용하여 대화편에 나온 예에 해당하는 자유도를 계산해 봅시다.

'독립적으로 분포하는 변수'는 A형, O형, B형, AB형을 말합니다.

'추정 파라미터'란 위 예에서는 '각각의 혈액형의 기대도수(인원수)를 결정하는데 사용되는 변수'를 의미합니다. 예를 들어 설명하

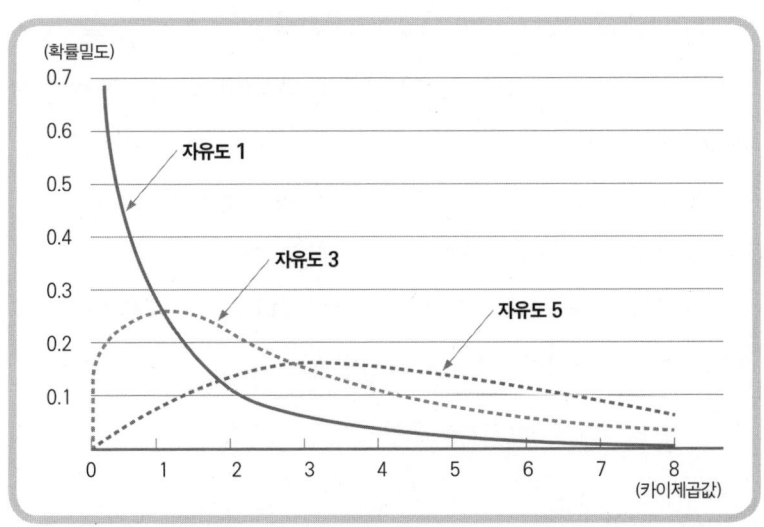

그림 7-2 • 자유도에 따른 카이제곱 분포의 형태

면 다음과 같습니다. '합계 인원수'가 결정되어 있다고 합시다. 이 값에 A, O, B, AB형 각각의 비율(일본인 전체의 혈액형 비율)을 곱하면 모든 기대도수가 결정됩니다. 그러므로 추정 파라미터는 '합계 인원수'라는 것을 알 수 있습니다.

어쩌면 '전국 혈액형 분포(4가지 혈액형 비율)도 추정 파라미터에 포함된다.'라고 생각할 수도 있겠습니다. 하지만 '추정 파라미터'라는 것은 어디까지나 표본에서 나온 수치를 사용하여 '추정한' 파라미터를 의미합니다. 전국 혈액형 비율은 이미 알고 있는 정보로서 맥주연구부원의 혈액형으로부터 추정된 것이 아닙니다. 그러므로 추정 파라미터에는 포함되지 않습니다.

그럼 이러한 결과들을 앞에서 언급한 정의 즉, '자유도는 〈독립적으로 분포하는 변수의 수〉에서 〈추정 파라미터의 수〉를 뺀 값이다.'에 적용해 보겠습니다.

독립적으로 분포하는 변수의 수=혈액형의 종류이니까 4

추정 파라미터의 수=합계 인원수 뿐이므로 1

따라서 4-1=3으로 자유도는 '3'이 됩니다. 이 검정에서는 자유도가 3인 카이제곱분포를 이용하면 됩니다.

P값은 커피

P값이란 '귀무가설이 옳다고 가정했을 때, 검정에 쓸 값(여기서는 카이제곱값)이 그 값 이상이 될 확률'을 말합니다. P는 Probability의 첫 글자를 딴 것입니다. 최종적으로 검정에서 필요한 것은 사실이 P값입니다.

P값은 자유도로 정해진 카이제곱분포 그래프에서, 주어진 카이제곱값 이상에 해당하는 부분의 면적을 계산한(적분한) 값입니다. 손으로 계산하기에는 매우 귀찮은 과정이지만, 고맙게도 지금은 소프트웨어가 순식간에 계산해줍니다.

맥주연구부 예에서 카이제곱값은 2.540835이었습니다. 카이제곱값이 이 수치 이상이 될 확률이 P값이므로 그 값은 0.468(46.8%)입니다. 즉 맥주연구부에 해당하는 혈액형 분포가 나올 확률은 46.8%나 된다는 것입니다. 그러므로 특별히 드문 경우는 아니라

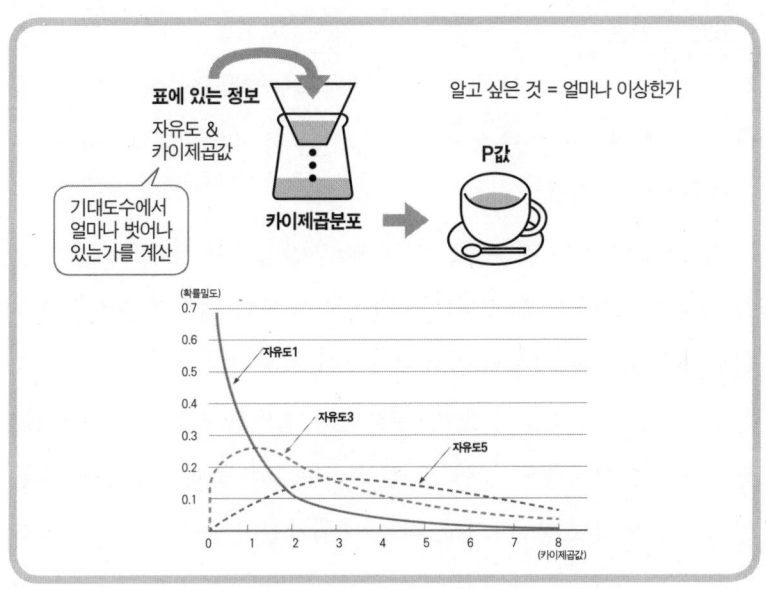

그림 7-3 • 자유도와 카이제곱값으로부터 P값이 도출됨

고 할 수 있습니다.

    이러한 일련의 과정을 [그림 7-3]과 같이 커피를 내리는 작업에 비유할 수 있습니다. 자유도와 카이제곱값을 (뜨거운 물과 커피 가루를) 카이제곱분포(필터)에 통과시키면 P값(커피)이 나옵니다. 뜨거운 물만 마시면 맛이 없고, 커피 가루만 먹으면 목이 멜 뿐이겠죠. 두 가지를 섞어서 적절한 필터에 걸러야만 맛있는 커피가 나올 수 있고, 어느 하나라도 빠지면 커피를 만들 수 없는 것과 같습니다.

5%의 기준

일반적으로 '드문 일이 생겼다.'든지 '이것은 우연이 아닌 것 같다.'이라고 말하는 기준으로 '5% 이하'가 사용됩니다. 이것을 유의수준이라고 합니다.

'유의(有意)'라는 것은 '확률적으로 우연이라고 생각하기는 힘들고, 의미가 있다'는 뜻입니다. P값이 0.05보다 작으면 5%로 유의하여 귀무가설은 기각되고 대립가설이 지지됩니다. 맥주연구부의 경우, '부원의 혈액형 분포는 일본인의 혈액형 분포와 같다.'라는 귀무가설은 아무래도 틀린 것 같고, '부원의 혈액형 분포는 일본인의 혈액형 분포와 다르다.'라는 대립가설이 옳다고 할 수 있습니다.

이 5%라는 숫자는 특별히 어떤 확실한 근거에 의해 나온 것은 아닙니다. 굳이 말하자면 관습적으로 이용하고 있는 것일 뿐입니다. 학문분야에 따라 차이가 있는데, 유의하다고 생각하는 기준이 10%인 경우도 있고 1%인 경우도 있습니다. 어느 쪽이든 그냥 딱 떨어지는 수치를 선택했다는 느낌이 듭니다.

중요한 사실은, 검정은 어디까지나 '우연이라고 할 수 있는 확률이 얼마나 낮은가.'를 확인하는 것일 뿐, '이 결론이 절대적으로 옳다.'라고 단언할 수는 없습니다. 높은 확률로 어떻다고 말할 수 있는 것, 그것이 바로 통계적 검정입니다.

혈액형별 성격 진단을 믿습니까?

ABO식 혈액형은 적혈구의 표면의 당 사슬의 구조에 의해 결정됩니다. 당 사슬이란 당질(탄수화물)이 사슬처럼 연결된 것으로 적혈구의 표면에 빽빽하게 돋아 있습니다.

일본인 사이에는 "혈액형과 성격은 서로 관련이 있다."라는 이야기가 널리 유포되어 있습니다. 이 이야기는 정말 사실일까요?

이럴 땐 전문가의 논문을 살펴보는 방법이 있습니다. 저도 직접 찾아보았는데, 혈액형과 성격의 관계를 조사한 논문은 그렇게 많지 않았습니다. 조사방법도 "모든 일에 구애받지 않는다." 따위의 항목에 직접 체크하는 식입니다. 즉 실제 성격을 조사한 것이라기보다는 어디까지나 자신의 이미지를 조사한 것입니다. 혈액형별 성격진단이 잘 알려진 상황이라면, 그 내용에 맞는 자신의 이미지를 가지고 있을 가능성이 있습니다. 예를 들어 '나는 A형이니까 신중하게 행동하는 타입일 수도……'처럼 믿어버리는 경우도 얼마든지 있을 것입니다.

이렇게 생각해보면 유의한 결과가 나왔다 하더라도 그다지 믿음이 가지 않습니다. 이것을 확실하게 정리하기 위해서는 혈액형별 성격 진단을 전혀 모르는 사람들(예를 들어 일본인이 아닌 사람)을 대상으로 조사해야 하겠지요.

연구가 충분히 이루어진 것은 아니지만, 지금까지의 논문에서는 부정적인 결과가 많았고, 만약 어느 정도 차이가 있다고 해도, 우연이 아니라고 할 만큼 큰 차이는 아니라는 결론인 것 같습니다.

그렇다 하더라도 관계가 없다는 근거는 무엇이냐고 묻는다면, 그것 또한 까다로운 문제가 되겠지요.

어쨌든 혈액형 이야기는 차 마시며 나누는 정도라면 즐거운 화제이긴 합니다.

 7장 정리

- 어떤 가설(귀무가설)이 옳은지 아닌지를 통계학적으로 판단하는 방법을 검정이라고 합니다.
- 가설이 옳다고 했을 때 표본이 관찰될 확률을 P값이라고 합니다.
- P값이 정해둔 값(유의수준)보다도 작을 때 귀무가설은 기각하고 대립가설을 지지합니다.
- 가설을 검정하는 방법의 하나로 카이제곱검정이 있는데, 교차표를 검정할 때 적합합니다.
- 카이제곱검정을 하려면 카이제곱값과 자유도 두 가지 값이 필요합니다.
- 카이제곱검정에서 사용되는 카이제곱분포는 자유도에 따라 형태가 변합니다.
- 자유도란 〈독립적으로 분포하는 변수의 수〉에서 〈추정 파라미터의 수〉를 뺀 값'입니다.
- 귀무가설을 바탕으로 계산된 기대도수와 표본의 관측도수가 같다면 카이제곱값은 0입니다. 기대도수와 관측도수의 차이가 벌어지면 카이제곱값도 커집니다.

8장 어른들의 비밀

모아가 한 손에 노트를 들고 집으로 돌아왔다. 어쩐지 들뜬 모습이다.

"

모아 호호.

소로스 뭐니? 그 미소는.

모아 학생회에서 우리 학교 학생을 대상으로 조사했는데, 독립해서 혼자 사는 여학생과 부모와 함께 사는 여학생 중에서 어느 쪽에 애인이 생기기가 더 쉬운지 알아봤대.

소로스 호오, 재미있겠네.

모아 그렇지? 좋은 조사야. 그 결과가 바로 여기 있는 [표 8-1]이야. 짠—.

소로스 애인이 있는 학생이 이렇게 많아? 혼자 사는 학생의 경우

	애인 있음	애인 없음
부모와 같이 산다	34	86
독립해서 혼자 산다	17	18

표 8-1 • '애인 있음·없음'의 조사결과

는 거의 절반이나 되잖아.

모아 그렇다니까. 혼자 사는 쪽이 정말로 유리한지 판단하고 싶어서 카이제곱검정을 하려 했거든. 그런데 어떻게 하는지 모르겠어.

소로스 카이제곱검정은 저번에 가르쳐줬잖아. 얼마나 지났다고.

모아 이번에는 지난번이랑 표 모양이 달라.

소로스 이번 건 교차표 중에서 가장 간단한 건데.

모아 비율로 보면 독립해서 혼자 사는 학생이 압도적으로 애인이 더 많다는 건 쉽게 알겠어. 48.57% 대 28.33%니까. 이 정도면 뭐 확실한 거지.

소로스 그럴 것 같긴 하네.

모아 지난번처럼 '기대도수와의 차이를 제곱해서 기대도수로 나눈 다음에 모두 합한다.' 맞지? 그런데 혈액형을 분석할 때처럼 전국 여대생의 애인 유무 비율을 모른다는 거야. 이런 경우에는 기대도수를 어떻게 도출하는 거야?

소로스 이런 경우는, 전체 인원 중에서 애인이 있는 사람과 없는 사람의 비율을 계산해서 기대도수를 도출하면 돼. 전체 인원수는 34+86+17+18=155명이고 그중에서 애인이 있는 사람은 34+17=51명이니까, 155분의 51이 애인이 있다고 기대되는 비율이야. 여기에 각각의 인원수를 곱하면 기대도수가 도출되는 거지.

모아   그렇구나. 그 값이 전국 혈액형 비율과 같은 역할을 하게 되는 거구나.

소로스   그렇지.

모아   나머지는 혈액형 때와 똑같이 하면 되는 거지?

소로스   아니, 이 경우는 그대로 계산하면 정밀하지 못해. '에이츠 교정'을 하는 게 좋아.

모아   카이제곱검정은 정밀한 거 아니었어?

소로스   정밀하지 않아. 원래 근사하는 거지.

모아   그건 몰랐네.

소로스 특히 이번과 같이 2×2 교차표일 때는 카이제곱분포에 잘 근사하지 않아. 그래서 추가로 교정해야 하는 거야. 에이츠 교정(Yates' correction)이라고 학교에서 배우지 않았니?

모아 듣고 보니 배운 것 같긴 해. 이름은 기억나거든, 아일랜드 시인(Yeats)과 이름이 비슷해서. 무슨 내용이었는지는 잊어버렸지만.

소로스 이름보다 내용을 기억하자고. 하긴 뭐 우리 때와는 달리 지금은 소프트웨어가 다 계산해 주니까 신경 안 쓰는 학생도 많지만.

모아 암튼, 결과는 어떻게 나왔어?

소로스 교정 후의 카이제곱값이 4.1522이고 P값은 0.04158이야.

모아 역시 그랬어! 5% 미만인 거지? '독립해서 혼자 사는 여학생 쪽이 애인이 생기기 더 쉽다.'라는 가설이 맞는 거였어!

소로스 네 예상이 맞았네. 뜻밖에 아슬아슬했지만.

모아 나도 혼자 살고 싶다.

쇼핑하고 돌아온 히로미가 모아의 말을 듣고 화들짝 놀란다.

히로미 뭐? 모아가 집을 나가겠다고? 당신 또 이상한 거 가르쳐 줬지?

모아 앗, 엄마가 들어버렸다. 아빠, 조금 전 내용은 비밀이야.

소로스 그래, 어른들의 비밀로 해두마.

"

다시 카이제곱검정

자유도는 앞장에서 설명하였습니다. '〈독립적으로 분포하는 변수의 수〉에서 〈추정 파라미터의 수〉를 뺀 값'입니다.

이번 예에서 '독립적으로 분포하는 변수의 수'는 2×2=4로 간단합니다. 문제는 '추정 파라미터의 수'입니다. 어떻게 계산해야 할까요?

카이제곱값을 계산하는 식에는 '기대도수'가 포함되어 있습니다. 혈액형의 예에서는 일본인 전체의 혈액형 비율을 알고 있었기 때문에, 그 비율에 합계 인원수를 곱하여 기대도수를 도출할 수 있었습니다. 즉 기대도수를 계산하는 데 필요한 수치는 '합계 인원수'뿐이었습니다.

이번에는 '전국 대학생을 대상으로 애인이 있는지 없는지, 그리고 독립해서 혼자 사는지 부모와 함께 사는지'와 관련된 문제입니다. 이와 관련해서는 전국 혈액형 비율과 같은 확정된 데이터가 존재하지 않습니다. 그러므로 교차표의 정보를 이용해야만 합니다.

[그림 8-1]을 봐 주십시오. 부모와 함께 살든 독립해서 혼자 살든 상관없이, 전체 중에서 애인이 있는 여학생의 비율을 생각해 봅시다. 전체 155명 중에서 51명이므로 약 0.3290입니다. 같은 방법으로, 애인이 없는 여학생의 비율을 계산해보면, 전체 155명 중에서 104명이므로 약 0.6710이 됩니다.

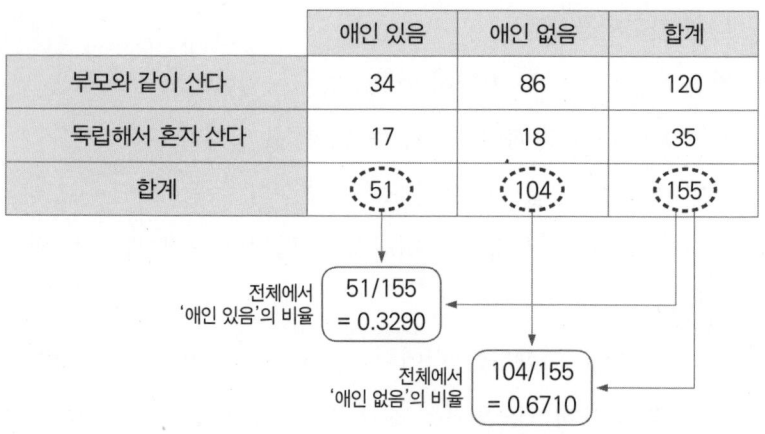

그림 8-1 • '애인 있음·없음'의 비율계산

그러므로 다음과 같이 계산됩니다.

- **'부모와 함께 살고 있음 & 애인 있음'의 기대도수**

  = 부모와 함께 사는 여학생의 수 × 0.3290

- **'혼자 살고 있음 & 애인 있음'의 기대도수**

  = 혼자 사는 여학생의 수 × 0.3290

- **'부모와 함께 살고 있음 & 애인 없음'의 기대도수**

  = 부모와 함께 사는 여학생의 수 × 0.6710

- **'혼자 살고 있음 & 애인 없음'의 기대도수**

  = 혼자 사는 여학생의 수 × 0.6710

그렇다면 위 과정에서 기대도수가 도출되기 위해 몇 개의 수치가 필요했을까요?

  정답은 '합계 인원수', '애인이 있는 여학생의 수', '부모와 함께 사는 여학생의 수' 이 세 값만 있으면 모든 기대도수를 도출할 수 있다는 것입니다. 왜냐하면 '애인이 없는 여학생의 수'는 '합계 인원수'에서 '애인이 있는 여학생의 수'를 빼면 구할 수 있고, '독립해서 혼자 사는 여학생의 수'는 '합계 인원수'에서 '부모와 함께 사는 여학생의 수'를 빼면 구할 수 있기 때문입니다.

  즉 기대도수를 계산할 때 필요한 추정 파라미터의 수는 3입니다. 그러므로 자유도는 $4-3=1$입니다.

  일반적으로 교차표의 자유도는, 예를 들어 5×6의 교차표라면 $(5-1)\times(6-1)=4\times5=20$처럼 (행 개수$-1$)×(열 개수$-1$)로 계산할 수 있습니다. 그러나 앞 장에 나온 혈액형의 예(1×4인 교차표)에서는, 전체 혈액형 비율을 사전에 알고 있기 때문에, 이 공식을 적용하지 않았습니다.

  만약 자유도가 얼마인지 모르겠다면 자유도의 정의 즉, 공식을 떠올려 앞에서 계산한 것처럼 필요한 수치가 몇 개인지를 세어 보십시오.

정상과 비정상을 구분 짓는 것

  자유도가 1인 것을 알았으니 카이제곱분포의 그래프도 정해집니다(그림 8-2). 카이제곱분포는 이처럼 연속적이고 매끄러운 형태의 곡선입니다. 이 그래프는 가로축이 카이제곱값이고 세로축이 확률밀도입니다.

확률은 제5장에서 설명하였듯이 면적으로 표현됩니다. 이번 예

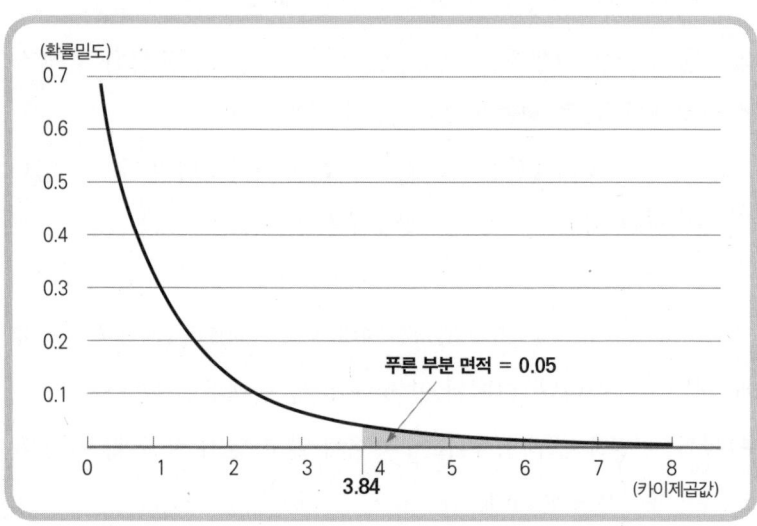

그림 8-2 • 카이제곱 분포의 그래프 (자유도 1인 경우)

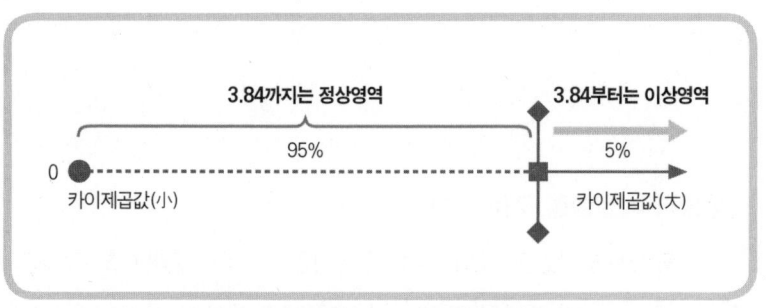

그림 8-3 • 정상영역과 이상영역의 경계

에서 P값이 5%가 되는 즉 '[그림 8-2]에서 푸른색으로 칠해진 부분의 면적이 0.05가 되는 카이제곱값(가로축)'은 3.84입니다.

유의수준 5%로 검정할 때, 카이제곱값이 3.84 이상이면 '이상한 일이 발생했다'라는 것이 됩니다. 이 경우 귀무가설은 기각되고 대립가설이 채택됩니다.

반대로 3.84 미만이라면, 비정상이라고 할 수 없으므로 귀무가설을 기각할 수 없습니다(그림 8-3).

교정 전후의 차이

정상과 비정상을 구분 짓는 경계를 알았으니, 바로 카이제곱값을 계산하면 결과는 5.0271입니다. P값은 0.02495로서 5%(0.05)보다 작으므로 귀무가설은 기각됩니다. 하지만 정말 이렇게 끝내도 되는 것일까요?

이번 애인 유무 조사에서 데이터는 각각의 셀에 해당하는 인원수입니다. 인원수는 1명, 2명 등 띄엄띄엄 떨어진 값이므로 1.43명과 같은 값은 나오지 않습니다. 이렇게 띄엄띄엄 떨어진 값을 취하는 변수를 이산변수라고 합니다.

교차표의 데이터는 이산적임에도 카이제곱분포의 그래프는 [그림 8-2]와 같이 연속적(매끄러운)입니다. 이러한 이유로 카이제곱값을 계산하는 과정에서 오차가 발생할 수밖에 없습니다. 이 오차를 무시하면 안 되는 기준이 다음 두 가지입니다.

〈기준 1〉 '기대도수가 5 미만인 셀이 전체의 20% 이상이 될 경우'

카이제곱값을 계산할 때 분모에 기대도수가 포함되어 있습니다. 기대도수가 작을 경우 그 셀에 해당하는 차이의 척도 즉 '(관측도수 – 기대도수)^2 / 기대도수'가 너무 커지기 때문입니다.

〈기준 2〉 '2×2 교차표의 경우'

이것은 표의 크기가 너무 작아서 문제가 발생하는 경우입니다. 대략 설명하자면, 표의 크기가 작은 경우에는 분포가 울퉁불퉁한 계단 형태인데 이를 매끄러운 연속형 분포에 근사시키려 하니 즉, 끼워 맞추려 하다 보니 무리가 따르게 되는 것입니다. 이럴 때 '무리'를 수정해주는 기술이 바로 대화편에서 언급한 에이츠 교정 (Yates' correction)입니다.

에이츠 교정은 카이제곱값을 계산하는 공식에서 '관측도수와 기대도수의 차이' 대신에 '관측도수와 기대도수의 차이의 절댓값에서 0.5를 뺀 값'을 사용하는 것입니다.

식으로 쓰면 다음과 같습니다.

$$\frac{(|관측도수 - 기대도수| - 0.5)^2}{기대도수}$$

절댓값을 취하는 과정을 절대로 잊어서는 안 됩니다. 그리고 〈기준 1〉 혹은 〈기준 2〉에 해당하면, 카이제곱값이 너무 커지기 때문에 값을 작게 하려고 0.5를 빼주는 것입니다. 이러한 수정 과정을 거치고 나면 '무리'가 무시할 수 있을 정도로 작아집니다.

대화편에 나온 애인 유무 조사에 적용해보면, 교정 후의 카이제곱값은 4.1522이고, P값은 0.04156이 됩니다. 교정 후의 P값은 교정하지 않은 P값인 0.02495보다 큽니다. 교정하지 않으면 유의하다고 판단하기가 더 쉬웠을 것입니다. 그러므로 에이츠 교정을 하면 검정결과가 '조금 더 엄격해'집니다.

이번 예에서는 교정하더라도 결론은 변하지 않았습니다. 하지만 사례에 따라서는 교정 전에는 '유의하다'고 판단되었던 것이 교정 후에는 '유의하지 않다'는 결론으로 뒤집힐 때도 있습니다.

통계 전문가들 사이에는 에이츠 교정에 대해 이견이 많습니다. 이 책에서는 더욱 엄격한 검정결과를 선호하는 견해(보수적 견해)를 따랐지만, 반대로 에이츠 교정이 너무 엄격하다는 의견도 있습니다. 또한 교정이 필요한 경우에 대해서도 〈기준 1〉과 〈기준 2〉 외에도 여러 가지 상황이 논의되고 있습니다. 통계는 일종의 기법이기에, 세부 조정과 관련해서는 여러 가지 견해들이 있는 것입니다.

8장 정리

- 〈기준 1〉 '기대도수가 5 미만인 셀이 전체의 20% 이상이 될 경우', 〈기준 2〉 '2×2 교차표의 경우'에는 에이츠 교정(Yates' correction)을 적용합니다.
- 에이츠 교정을 적용하면 카이제곱값은 작아지고 P값은 커집니다. 즉 교정하지 않았을 때보다 더 엄격한 판정이 됩니다.

9장 고기로 승부한다

"

학생 교수님.

소로스 으악! 깜짝이야. 자네 엄청나게 크구먼.

학생 너무 커서 죄송합니다. 저는 1학년 스모짱이라고 합니다.

소로스 그래, 무슨 일인가?

스모짱 통계학 리포트 때문에 고민 중입니다.

소로스 무슨 고민인데?

스모짱 회귀분석 자유과제 내셨잖아요. 저는 '비만도와 수입의 관계'에 대해서 조사하고 있었는데요.

소로스 수입? 좀 더 공학부다운 소재는 없었나?

스모짱 공학부다운 회귀분석은 실험에서 계속 하니까 지겨워서요. 뭔가 사회적으로 의미 있는 자료를 조사해보려고 생각했는데, 어떤 잡지에서 '뚱뚱한 사람이 연봉이 더 높다.'라는 글을 봤거든요.

소로스 무척 과감한 주장이군. 도대체 무슨 잡지야?

스모짱 「불고기 생활」이라는 잡지입니다.

소로스 그런 잡지도 있었어?

스모짱 헤헤, 그 잡지에 "뚱뚱한 사람은 상대방에게 편안함을 주기 때문에, 상담이나 영업을 잘하게 되고, 그 결과 수입이 올라간다."라고……

소로스 그럴듯하네. 그 잡지 한번 보세. 하하. 전부 고기 이야기네. 이번 달 특집은 '고기로 승리한다!' 구먼. 무슨 뜻인지는 잘 모르겠지만, 뭔가 자네라면 이길 것 같아.

스모짱 데이터를 보면, 확실히 그런 경향이 있는 것 같아요. 보세요, 직장인 남성 150명의 데이터(그림 9-1)입니다. 가로축은 BMI이고, 세로축은 연봉입니다.

연봉(만 엔) = 7.674 × BMI + 261.339

R^2값은 0.1258

(R^2에 대해서는 해설편에서 설명합니다). 굉장한 결과지요?

소로스 잡지가 좀 이상해.

스모짱 왜요? 대단한 발견 아닌가요? BMI가 1 올라가면 연봉이 8만 엔 가까이 올라간다고요. 그래서 생각했죠. 나는 승리했다!

소로스 자네가 뚱뚱한 거는 상관할 바 아니고, 내가 자네에게 이길 것 같지도 않고. 그런데 뭐가 문제야?

스모짱   너무 좋은 이야기라서요. 읽을수록 기분은 좋아지는데, 뭔가 속고 있다는 느낌도 들고……, 교수님 의견을 듣고 싶습니다.

소로스   데이터만 보면 관계가 있는 것 같기도 해. R^2값이 0.1258이라는 것은 대략 12~13% 정도는 BMI가 설명하고 있다는 것이지. 뭐 그다지 높지는 않지만, BMI가 올라가면 수입도 올라간다는 경향이 있긴 해.

스모짱   그렇죠?

소로스   그런데 이 데이터만으로는 아무것도 이야기할 수 없어.

스모짱   왜 그렇습니까?

소로스   남자는 보통 나이가 들수록 살이 찌거든. 중년 비만이라는 거지.

스모짱   그러면 저는 어떻게 되는 거죠?

소로스   더 커지겠지, 옆으로.

스모짱   그렇겠죠.

소로스   본론으로 돌아가서, 회사에는 아직 연공서열이 남아있으니까, 나이가 들면 연봉도 오르지.

스모짱   아, 그렇구나.

소로스   이 내용은 나이에 의한 영향은 전혀 고려하지 않은 것 같으니까, 이것만으로는 뭐라고 할 수 없다는 거야. 이것으로 답변이 되었나?

스모짱   네. 교수님, 감사합니다. 그럼, 저녁 먹으러 가겠습니다.

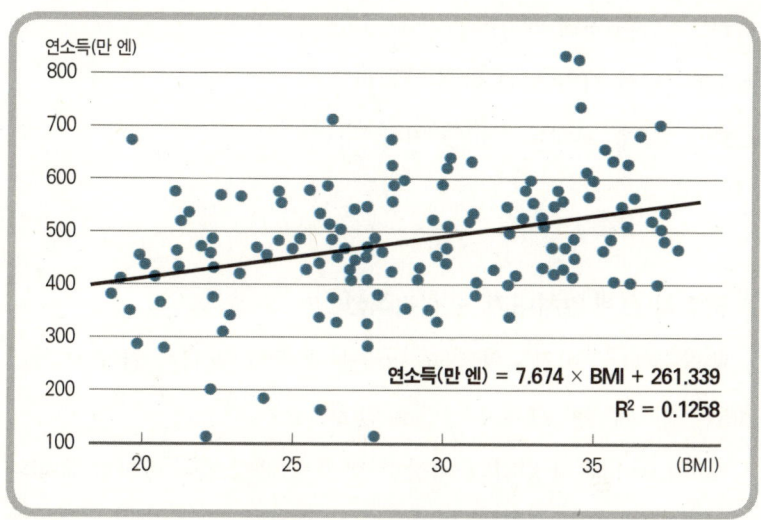

그림 9-1 • 비만도와 연소득

9장 : 고기로 승부한다

소로스 오늘 저녁 메뉴는?

스모짱 무한 리필 고기 뷔페 갑니다!

소로스 그래, 자네는 승리할 거야.

"

뜻밖의 관계 밝혀내기 - 회귀직선

대화편에서 '비만도와 연봉'이라는 뜻밖의 관계에 관해 이야기하였지만, 이러한 관계가 정말로 있을까요?

[그림 9-1]은 150명의 직장인 남성을 대상으로 조사한 BMI와 연봉을 점으로 표시한 산포도입니다. 우상향하는 직선을 '회귀직선'이라고 부르는데, 한마디로 말하자면 '데이터를 근사(近似)하는 직선'입니다. 회귀직선을 정함으로써 데이터의 경향을 단 하나의 식으로 요약할 수 있다는 장점이 있습니다.

회귀직선이 어떠한 논리에 근거하는지 사례를 통해 알아보겠습니다. 단순화하기 위해 표본 크기가 작은 예로 설명하겠습니다.

[그림 9-2]는 표본 크기가 5인 데이터에 해당하는 회귀직선을 정하는 방법을 그린 것입니다. 각각의 데이터와 직선의 차이를 '잔차'라고 합니다. 데이터에 가장 적합한 직선을 정하려고 할 때 어떤 기준을 적용하면 좋을까요?

한 가지 아이디어로, '잔차를 제곱하여 더한 것(잔차제곱합)이 최소가 되는 값을 구하는 것'을 생각해볼 수 있습니다. 이것을 '최소제곱법'(혹은 최소자승법)이라고 합니다. 굳이 제곱하는 방법을 선

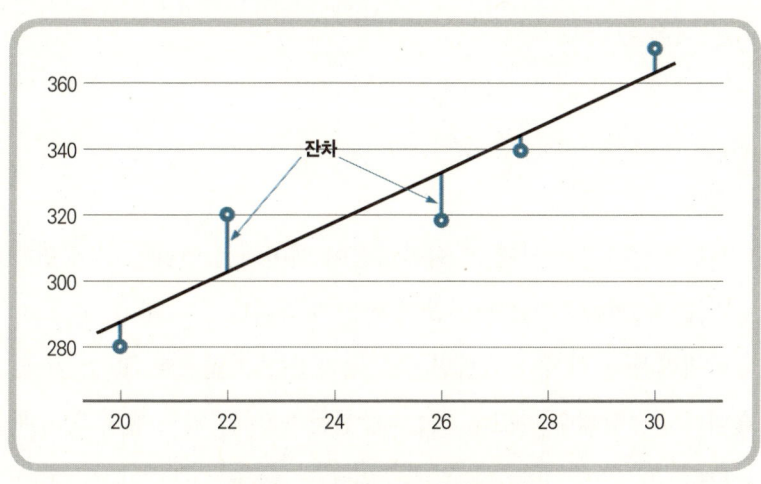

그림 9-2 • 회귀직선을 결정하는 방법

택한 이유는 여러 가지가 있는데, 그중 한 가지는 이미 제3장에서 언급하였습니다. (더 근본적인 이유가 있지만, 수식을 이용해야 하므로 생략하겠습니다.)

최소제곱법은 회귀직선을 도출하는 기본적인 방법입니다. 회귀직선의 공식은 복잡하므로 여기에서는 다루지 않겠습니다. 계산은 소프트웨어가 해주므로 통계를 이용하는 처지에서는 굳이 그 식을 외울 필요가 없습니다. 배경과 의미를 이해하는 것만으로도 충분합니다.

「불고기 생활」의 데이터에서 회귀직선을 도출해보면,

$$연봉(만 엔) = 7.674 \times BMI + 261.339$$

라는 식이 됩니다.

R^2값

회귀직선이 결정되면 그 회귀직선이 데이터를 얼마나 잘 설명하고 있는지 (얼마나 적합한지) 알면 좋을 것입니다.

회귀직선이 얼마나 적합한지를 평가하는 기준으로 'R^2값'이 있습니다. '결정계수'라고도 하는데, 전문가들은 '알스퀘어'라고 부릅니다.

R^2값은 '설명변수가 피설명변수(설명되는 변수)의 변동(분산)을 몇 %나 설명할 수 있는가.'를 나타냅니다. 말로 설명하는 게 오히려 복잡하니, 이번에는 식으로 표현하겠습니다. R^2 값의 정의는 다음과 같습니다.

$$R^2 = \frac{추정값의\ 분산}{표본값의\ 분산}$$

「불고기 생활」의 예에서는 BMI로 연봉을 설명하려고 했습니다. 이 경우 설명변수는 BMI이고, 피설명변수는 연봉이 됩니다. '표본값'이란 피설명변수인 연봉의 실제 값을, 그리고 '추정값'은 회귀직선 식에 의해 추정된 값을 말합니다. 추정값의 분산이 표본값의 분산을 어느 정도 설명하고 있는가를 비율로 나타낸 것이 R^2값입니다.

이 사례에서 R^2값은 0.1258이므로, BMI가 연봉의 변동(분산)의 12.58%를 설명하고 있는 것이 됩니다. 참고로 R^2값은 어떤 경우에도 반드시 0과 1 사이의 수치입니다. R^2값이 1이면 설명력이 100%, 한쪽 값(예를 들어 BMI)이 정해지면, 다른 한쪽 값(예를 들어 연봉)은 자동으로 정해지게 됩니다. 실제로는 정확하게 1이 되는 경우는 거의 없습니다.

허울뿐인 관계

지금까지의 설명으로는 BMI와 연봉 사이에 실제로 어떤 관계가 있다고 생각할 수 있습니다. 하지만 소로스가 지적한 대로 그 관계는 허울뿐일 가능성이 높습니다.

이 예에서는

(a) 나이가 들면 BMI가 점점 커진다.
(b) 나이가 들면 연봉이 높아지는 경향이 있다.

라는 것처럼 나이라는 변수가 BMI와 연봉 모두를 증가시킨다는 사실이 고려되지 않았습니다.

이러한 예는 이 밖에도 많이 있습니다.

예를 들어 혈압과 연봉의 관계를 알아보면 '혈압이 높을수록 연봉이 높다.'라는 경향이 나올 가능성이 매우 높습니다. 이제는 그 이유를 아실 것입니다. 이 경우에도 '나이'가 배후에 숨겨져 있습니다. 물론 '혈압이 높은 사람은 정력적이므로, 그 결과 연봉도 높다.'라는 언뜻 보기에 그럴듯해 보이는 설명을 붙이는 것도 가능하긴 합니다. 어쩌면 그런 경향이 실제로 있을지도 모르겠지만, 실증하기 위해서는 나이를 고려해서 비교해야 합니다.

나이 외에도 잘 빠지는 함정이 '시간'입니다. 각 가정의 TV 보급률과 수명은 시대와 함께 증가하였습니다. 데이터를 산포도로 나타내어 회귀분석 해보면, 'TV 보급으로 수명이 늘었다.'라는 결과를 도출할 수도 있습니다.

다중회귀분석

이런 문제를 풀 때, 조금 더 고급 기법인 다중회귀분석을 사용하면 됩니다. 다중회귀분석이란 '어떤 결과에 대해 다수 요인이 각각 얼마만큼 영향을 미치고 있는가.'를 알아보는 방법입니다.

예를 들어 연봉을 BMI와 나이로 다중회귀분석을 했는데, 나이만 유의하고 BMI는 유의하지 않다는 결과가 나왔다면, 'BMI는 연봉에 영향을 준다고 할 수 없다.'라는 결론을 낼 수 있습니다.

이것은 사회학 등에서 많이 쓰이는 다중회귀분석 사용법이지만, 조금 더 직접 목적하는 값을 추정할 때에도 힘을 발휘합니다.

『슈퍼크런처』(이언 에어즈)에서는 와인의 질(가격)을 포도밭의 겨울 강우량, 재배기간의 평균기온, 수확기의 강우량 등의 변수를 다중회귀분석으로 추정한 결과, 전문가 못지않은 적중률을 보인 예를 소개하고 있습니다. 그 분야의 전문가가 아니면 모를 것으로 생각하던 것조차, 다중회귀분석을 사용하면 단 한 가지의 수식으로 풀 수 있습니다.

다중회귀분석은 종종 놀랄 만큼 강력합니다. 통계에 빠진 사람은 꼭 다중회귀분석도 연구해 보십시오.

9장 정리

- 회귀분석은 설명하고 싶은 변수(피설명변수)와 어떠한 변수(설명변수) 사이에 수식을 적용하는 기법입니다.
- 회귀직선은 그 직선의 식과 실제 값의 차이(잔차)의 제곱이 최소가 되도록 결정됩니다.
- 식이 어느 정도 맞는지는 R^2값(알스퀘어)으로 표현됩니다.
- 다수의 설명변수를 사용한 회귀분석을 다중회귀분석이라고 합니다.

10장 장수하는 나라

> "

모아 아빠, 사람 수명이 이렇게 차이가 난대.

소로스 어떻게?

모아 WHO(세계보건기구)의 자료(2010년)를 보니까, 일본인은 남녀 평균이 83세로 세계 1위야. 그런데 짐바브웨는 겨우 42세야. 일본인의 절반밖에 못 사는 거지. 인간의 수명은 무엇으로 정해질까?

소로스 위생상태와 의료기술. 그것 때문에 짐바브웨 같은 나라에서는 유아사망률이 높아. 그래서 평균수명이 짧은 거야.

모아 아기가 죽는다니 너무 슬퍼. 나쁜 짓을 한 것도 아닌데. 태어난 나라가 다를 뿐인데.

소로스 정말 그래. 불운하다고밖에 할 말이 없어. 대략 말하면, 평균수명을 결정하는 것은 나라가 얼마나 잘 사는가에 달려

있어. 일본도 옛날에는 가난했기 때문에 수명도 짧았지.

모아 돈이 있으면 오래 살 수 있다는 거야?

소로스 노골적이긴 하지만 그 말이 맞아. 자료를 볼까? CIA의 「월드 팩트북」에 있는 2003년 나라별 평균수명과 1인당 GDP의 관계를 나타낸 그래프야. 조금 오래되긴 했지만, 경향은 바뀌지 않았어.

모아 아, 짐바브웨는 39세. WHO의 자료보다 더 심하구나.

소로스 어느 정도 차이는 있지만, 경향은 대체로 비슷할 거야. 이 그림을 보면, 1인당 GDP가 적은 쪽은 경사가 매우 급하다가 점점 완만해져. 가난한 나라에는 지원을 조금만 해줘도, 많은 아이가 죽지 않고 평균수명도 늘어난다는 것이

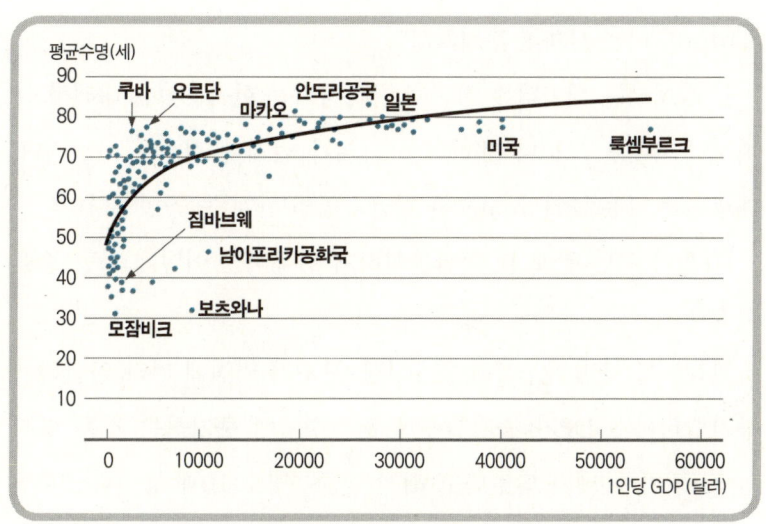

그림 10-1 • 1인당 GDP와 평균수명 (CIA Factbook)

모아 　지. 개발도상국에 지원해야 하는 이유를 잘 알겠지?

모아 　응. 곡선이 급한 경사로 치솟는 데에 그런 깊은 의미가 있구나.

소로스 　회귀직선 같은 것인데, 회귀곡선이라고 불러. 이것 역시 데이터를 근사시킨 것이야.

모아 　구부러지는 회귀분석도 할 수 있는 거였어? 몰랐네.

소로스 　이 경우는 1인당 GDP를 적당히 변환시켜 직선회귀를 적용한 후에 다시 처음으로 되돌린 거야.

모아 　응? 무슨 소린지 잘 모르겠어.

소로스 　자세한 내용은 해설에서…….

직선이 아닌 관계를 분석하다

　앞 장에서는 데이터를 직선에 근사시키는 회귀분석에 대해서 살펴보았습니다. 그러나 데이터의 관계가 언제나 직선은 아닙니다. 대화편에 나온 '1인당 GDP와 평균수명의 관계'는 곡선입니다.

　'직선이 아닌 관계'를 회귀분석하기 위해서는 어떻게 하면 좋을까요?

　그래프를 보면 평균수명은 1인당 GDP가 커짐에 따라 완만하게 증가합니다. GDP가 증가할수록 평균수명이 증가하는 것은 맞지만, GDP가 10배가 되었다고 해서 평균수명도 10배 늘어나 500세나 600세가 되지는 않습니다.

이러면 두 변수 중 어느 하나를 선택해서 측정법을 바꾸어 보면 유효할 때가 있습니다. 그중 한 가지가 1인당 GDP에 '로그(log)'를 취하는 방법입니다.

로그에 대해 간단히 설명하겠습니다.

예를 들어 1,000은 10^3(10의 3제곱)이라고 쓸 수 있습니다. 10 위에 쓴 3이라는 수를 '10을 밑으로 하는 1,000의 로그값'이라고 합니다. 10,000은 10^4이므로 10을 밑으로 하는 로그값은 4가 됩니다. 물론 로그값이 언제나 정수가 되는 것은 아닙니다. 예를 들어 50은 대략 $10^{1.7}$이므로, 10을 밑으로 하는 로그값은 약 1.7이 됩니다.

1인당 GDP에 로그를 취한 후에 산포도를 그려보면 어떻게 될까요? [그림 10-2]를 보십시오. 대화편에서 본 그래프(그림 10-1)보다 직선에 가깝지 않나요? 이 그래프의 가로축은 1인당 GDP의 로그값을 눈금으로 한 것입니다. 이것을 '로그값 단위'라고 합니다.

이처럼 데이터를 적절히 변환한 다음 직선에 적용함으로써, '직선이 아닌 관계'도 회귀분석을 할 수 있습니다.

직선회귀에 맞지 않는 경우

[그림 10-3]은 1995년 춘계대회에 출전한 고교야구선수 512명의 키와 몸무게 그래프입니다.

산포도만 보면 직선회귀로 충분할 것 같습니다. 이 경우 회귀직

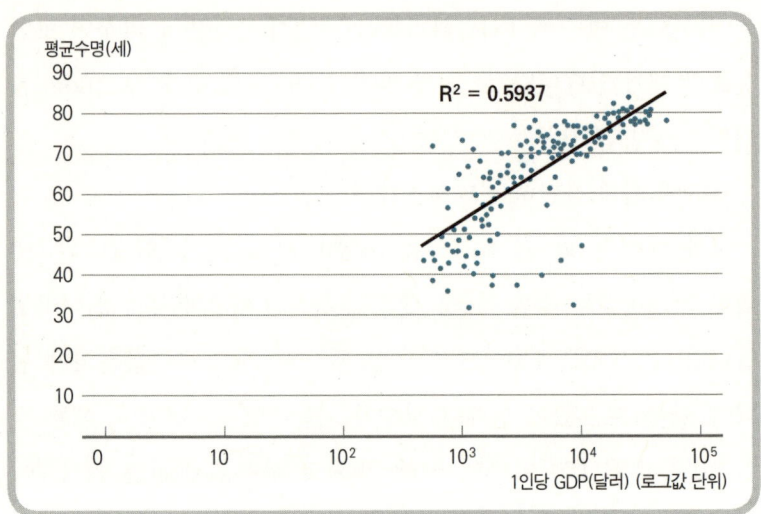

그림 10-2 • 1인당 GDP와 평균수명 간의 관계를 로그값 단위로 본 경우

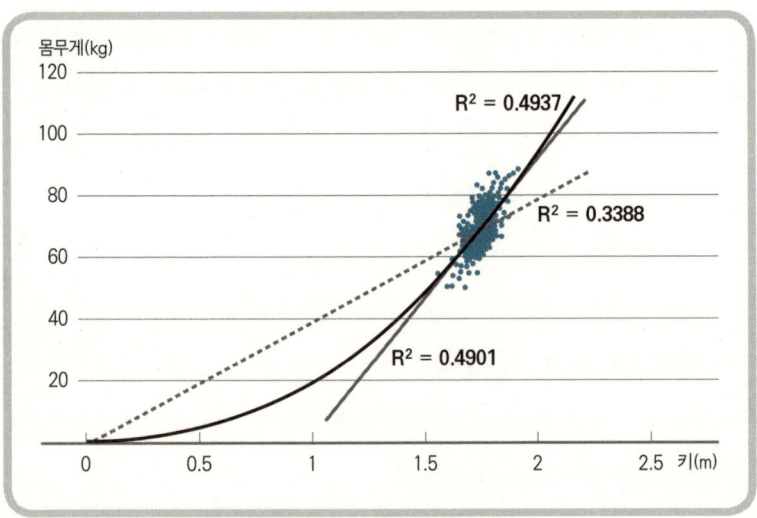

그림 10-3 • 키와 몸무게의 관계

선은 그림에 나타나 있는 가는 실선으로

$$몸무게(kg) = 88.818 \times 키(m) - 85.865$$

라는 식으로 표현됩니다. R^2값은 0.4901로 편차는 다소 크지만 그럴듯해 보이는 결과입니다.

 하지만 이 수식에는 문제가 있습니다. 키가 0이면 체중도 0이 되어야 하지만, 위 식에 의하면 키가 0m인 경우 몸무게가 -85.865kg이 되어버립니다. 물론 현실에서는 이러한 사람이 존재할 리 없지만, 이 결과는 키가 작은 사람에 대한 예측이 크게 벗어난다는 것을 의미합니다.

 그렇다면 '원점을 통과하는 직선으로 회귀분석하면 된다.'고 생각할 수 있습니다. 실제로 그렇게 한 것이 그림에 나타난 점선입니다. 회귀식은 다음과 같이 됩니다.

$$몸무게 = 39.5 \times 키$$

R^2값은 0.3388로 앞의 방법보다 정확도가 더 떨어졌습니다.

BMI의 기원

이 경우에 가장 잘 사용하는 방법은 '몸무게가 키의 몇 제곱에 비례한다.'라는 것입니다.

벨기에의 통계학자 케틀레(Adolphe Quetelet)는 '몸무게는 키의 제곱에 비례한다.'라고 생각하여 다음과 같은 지표를 비만의 척도로 제안하였습니다.

$$BMI = \frac{몸무게(kg)}{(키(m))^2}$$

BMI는 앞에서 몇 번 나왔습니다. BMI 수치가 큰 사람은 키에 비해 몸무게가 많이 나간다는 것을 의미합니다.

[그림 10-3]의 데이터를 가지고, 몸무게가 키의 몇 제곱에 비례하는지를 계산해 보면,

$$몸무게 = 19.695 \times 키^{2.2487}$$

이라는 식이 됩니다. 그림의 굵은 실선이며, R^2값은 0.4937입니다. 직선회귀 때보다 조금 더 개선되었습니다. 정확하게 들어맞지는 않았지만, 키의 제곱 정도에 비례한다고 할 수 있습니다.

이처럼 언뜻 보면 직선적인 관계일지라도, 자세히 보면 곡선에 맞추는 것이 더 적합한 경우도 있습니다.

적합도를 높이기 위해 곡선의 모양을 점점 복잡하게 해나가면,

오히려 관계가 잘 보이지 않게 되는 경우도 있습니다. 분석하는 데이터가 어떤 관계인지를 확인하기 위해서는, 부지런히 손을 움직여 시행착오를 겪어보는 것이 중요합니다.

열심히 하지 않는 것이 더 이득?

끝으로 BMI에 관한 흥미로운 연구를 소개합니다.

WHO에서는 BMI가 18.5 이상~25 미만이 정상이라고 하고 있습니다. 하지만 일본에서는 일반적으로 BMI의 표준값이 22라고 되어 있습니다. BMI 22인 사람이 가장 병에 걸리지 않기 때문이라고 합니다.

그렇다면 BMI 22인 사람이 가장 오래 사는 것일까요? [표 10-1]은 BMI와 40세 이후의 평균여명, 평균의료비를 조사한 결과입니다.

표에는 '95% 신뢰구간'이라는 칸이 있습니다. 정상체중인 남성을 예로 들면 '정상체중인 사람은 95%의 확률로 39.52~40.37년 수명이 남았다'는 것입니다.

우선 40세 이후의 평균여명(40세 이후에 얼마나 더 생존할 수 있는가의 평균)을 봅시다. 남녀 모두 과체중(BMI 25 이상~30 미만)인 사람의 평균여명이 가장 깁니다. 다음으로, 저체중(BMI 18.5 미만)인 사람의 여명이 다른 사람들에 비해 꽤 짧다는 것도 알 수 있습니다.

뜻밖의 결과입니다. 저체중인 사람은 비만(BMI 30 이상)인 사람

● 남성	저체중	정상	과체중	비만
BMI	18.5 이하	18.5~25.0	25.0~30.0	30.0 이상
평균여명(년) (95% 신뢰구간)	34.54 (32.69 – 36.39)	39.94 (39.52 – 40.37)	41.64 (40.97 – 42.31)	39.41 (36.62 – 42.20)
생애의료비(천엔) (95% 신뢰구간)	11,991 (10,233 – 13,749)	13,132 (12,777 – 13,487)	15,105 (14,417 – 15,793)	15,213 (12,755 – 17,671)

● 여성	저체중	정상	과체중	비만
BMI	18.5 이하	18.5~25.0	25.0~30.0	30.0 이상
평균여명(년) (95% 신뢰구간)	41.79 (39.35 – 44.22)	47.97 (47.51 – 48.43)	48.05 (47.53 – 48.58)	46.02 (44.21 – 47.83)
생애의료비(천엔) (95% 신뢰구간)	14,847 (13,056 – 16,639)	14,804 (14,337 – 15,270)	16,137 (15,390 – 16,885)	18,603 (16,385 – 20,822)

표 10-1 • 체격과 40세 이후의 평균여명, 평균의료비
「생활습관·건강검진 결과가 생애의료비에 미치는 영향」

과 비교해도 여명이 5년 가까이 더 짧습니다. 평균여명의 관점에서만 말하자면, 과체중인 사람이 BMI가 22에 가까워지도록 무리해서 노력할 필요는 없어 보입니다.

다음으로 생애 의료비를 봅시다. BMI 22인 사람은 의료비가 적은 것으로 보아 병에 잘 걸리지 않는다고 할 수 있습니다. 비만인 사람의 경우 수명은 짧지 않지만, 의료비는 늘어난다는 것을 알 수 있습니다. 반대로 마른 남성의 경우에는 생애 의료비가 낮은데, 이는 여명이 짧다는 특성이 반영되어 있기 때문입니다.

뜻밖에 몸에 좋은 것

물론 평균여명을 결정하는 것은 BMI만이 아닙니다. 조금 무서운 예를 들자면, '40세 시점에서 독신 여부'도 평균여명에 큰 영향을 미칩니다.

국립사회보장·인구문제연구소의 인구통계자료집(2005년 자료이지만 분석한 원자료는 1995년도임)에 의하면, 40세 시점에서 미혼인 독신 남성의 평균여명은 30.42년으로, 배우자가 있는 경우의 39.06년보다 8.64년이나 짧습니다. 마찬가지로 40세 시점에서 미혼인 여성의 평균여명은 37.18년으로, 배우자가 있는 경우의 45.28년보다 8.10년이나 짧습니다.

일본인의 평균수명 연장은 독신자의 증가 때문에 중단되고, 언젠가는 짧아지게 될지도 모르겠습니다.

'결혼은 인생의 무덤'이라고들 하지만, 뜻밖에 몸에 좋은 것이었군요. 정부에서 '결혼은 건강에 좋다!' 등의 슬로건을 걸어 저출산에 대한 대책으로 사용할 수도 있지 않을까요?

10장 정리

- 변수의 관계가 직선적이지 않아도, 변수를 적당히 변환하면 회귀분석을 할 수 있습니다. 이것을 곡선회귀라고 합니다.
- 한쪽(혹은 양쪽)의 변수에 로그를 취하면 직선에 가까워지는 경우가 있습니다.
- 변환에는 이차함수와 같이 함수가 적절한 경우도 있습니다.
- 너무 복잡한 변환을 하면 오히려 관계가 잘 안 보일 수도 있습니다.

11장 남자와 여자의 갈림길

"

모아 아빠, 있잖아.

소로스 왜?

모아 남자와 여자는 참 다르지?

소로스 그야 다르지, 그런데 뭐가 다르다는 거야?

모아 내가 학원 강사 아르바이트하잖아. 중학생 시험 결과를 보니까, 여학생이 국어 점수가 더 높아.

소로스 그래?

모아 국어는 언제나 여학생 평균이 더 높아. 수학은 남학생이 더 높은 경우가 많지만, 큰 차이는 아니고. 과학도 수학과 마찬가지인 것 같고, 사회는 잘 모르겠고. 영어는 국어만큼은 아니지만 대부분 여학생이 잘해.

소로스 나도 수학이랑 과학은 좋아했어. 국어는 싫어하는 편이었고. 답이 있는지 없는지 모르겠는 문제도 있잖아? 도대체 주인공의 기분 따위를 확인할 방법이 어디 있어?

모아 그건 그런 식으로 푸는 게 아니고.

소로스 알고야 있지만, 암튼 수학과 과학 쪽이 좋았어.

모아 아빠 얘기는 됐고, 남녀 간의 차이가 정말로 있는지 알고 싶어.

소로스 오케이, 기다리던 말씀.

모아 성적 자료를 가지고 왔어. 2달 전에 본 중학생 모의고사야.

소로스 좋아, 제대로 가져왔네. 비교할 때는 원자료가 필요하거든.

모아 우리 학원에서 시험 본 학생 수는 남자 132명, 여자 111명으로 총 243명이야. 그리고 국어시험 결과는,

남학생 평균: 52.78 (표준편차: 13.84)

여학생 평균: 63.59 (표준편차: 11.85)

이것만 보면 확실히 여학생 점수가 더 높아. 그런데 남학생의 표준편차가 더 커. 어떻게 비교하는 게 좋을지 모르겠어.

소로스 평균과 표준편차가 나와 있구나. 확실히 차이가 있는 것 같긴 하네. 일단은 '남녀 각각의 국어점수가 정규분포인지'부터 확인해보자. 여기엔 콜모고로프·스미르노프(KS) 검정을 사용하자.

모아 응? 비프 스트로가노프 정식?

소로스 먹는 거 아니야, 이상한 소리 하는 거 보니까, 전혀 모르는

검정이 나와서 겁먹었구나.

모아 에헤헤.

소로스 미리 경고하는데, 지금부터 설명하는 내용은 어려운 거야.

모아 오 마이 갓!

소로스 하하. 지금 말한 검정 기법을 하나하나 자세히 이해할 필요는 없어. '여러 가지 기법이 있구나.' 하는 정도만 알고 있으면 돼.

모아 응? 웬일로 이렇게 상냥하실까?

소로스 통계에는 여러 가지 기법이 있는데, 먼저 '이 경우에는 이 검정기법을 사용하면 되겠구나.'라는 것을 대략 파악해 두는 것이 좋아. 어려운 기법을 끙끙대며 이해하려 애써도,

한번 좌절하면 앞으로 나아갈 수 없으니까.

모아 가벼운 마음으로 공부해도 되겠네. 통계는 치밀하게 축적된 이미지였는데 그렇지 않은 경우도 있네?

소로스 그렇지? 다시 돌아가서, 검정의 결과 말인데 남학생의 KS값은 0.0486, P값은 0.9143이고, 여학생의 KS값은 0.0635, P값은 0.762이야. 양쪽 다 KS값은 꽤 작은 편이야. KS값이 작을수록 정규분포에 가까워. 그러니까 여학생이 정규분포에서 더 벗어나 있다고 할 수 있지. 그래도 P값이 매우 큰 편이니까 둘 다 정규분포를 따른다고 봐도 좋아.

모아 정규분포가 아니면 검정할 수 없는 거야?

소로스 그런 건 아니고, 정규분포를 따르지 않으면 다른 검정방법을 사용하면 돼. 정규성이 없을 때는 윌콕슨의 순위화검정이라는 걸 쓰면 되거든.

모아 우이~ 일콕슨? 아, 심각하게 생각하지 않아도 된다고 했지!

소로스 응, 검정의 흐름만 따라잡을 수 있으면 돼. 정규성은 확인했으니까, 그다음으로는 '남녀 각 분포의 분산이 같다고 해도 되는지.' 즉, 등분산성을 확인해야 해.

모아 또? 그런데 등분산성은 왜 확인해야 하는데?

소로스 데이터를 보면, 여학생의 표준편차보다 남학생의 표준편차가 더 크지? 그런데 이러한 차이를 '우연이라고 볼 수 있는지'를 판정해야 하거든.

모아 하긴 나도 남녀 표준편차의 차이가 신경 쓰이긴 했어.

소로스	그렇지? 그래서 등분산성 체크를 위해 F검정을 하는 거야.
모아	계속 복병이 등장하네. 롤플레잉 게임 같아(웃음).
소로스	소프트웨어가 해주니까, 그렇게 귀찮은 건 아니야. 결과는 F값이 1.2683이고, P값이 0.1986이야. P값은 유의수준 5%보다 크니까, 등분산이라는 가정은 기각할 수 없어. 즉 '등분산이라고 가정하여 이야기를 진행해도 된다'라는 것이지.
모아	'표준편차의 차이를 신경 쓰지 않아도 된다.'라는 거야? 다행이다.
소로스	만약에 등분산이 아니더라도 그에 맞는 다른 검정기법을 쓰면 돼. 이 경우는 등분산이거나 아니거나 모두 t검정이지만, t값을 계산하는 방법이 달라져.
모아	대충 알 것 같아.
소로스	통계는 여러 가지로 복잡해. 아쉽게도 '이것만 알면 된다.'는 식의 만병통치약 같은 기법은 없어.
모아	상황에 따라 적절한 기법을 사용하면 된다는 거지?
소로스	응. '이런 통계에는 이런 검정을 쓴다.'라는 지식을 가지고 진실을 찾아가는 거야. 자, 마지막으로 t검정.
모아	이제 종착역? 결과는?
소로스	t값이 -6.6166이고, P값이 2.358×10^{-10}이야. P값이 매우 작아. 그러므로 '평균이 같다.'라는 가설은 기각되지.
모아	결국 '남녀 차이가 확실히 있다.'라는 거지?

소로스 정답!

모아 맞췄다!!

소로스 국제조사에서도 국어의 학업능력 차이는 큰 모양이야. 남녀 간에 한 학년 이상 차이가 나던가? 평균적으로 보면 언어 능력은 여자가 더 우세한 것 같아.

모아 그것 봐. 내가 볼 때 확실히 달랐다니까.

소로스 이 시험 결과만으로는 뭐라고 할 수 없지만, 여성이 언어에 더 뛰어나다면 왜 그런지 알고 싶어지네.

모아 우리 아빠 참 끈질겨요(웃음).

물 흐르듯이

대화편에서 느닷없이 여러 가지 통계 기법이 등장해서 당황한 독자가 많을 것입니다. 검정의 흐름을 대략 알리는 것이 목적이므로, 상세하게 이해하려고 하지 않아도 됩니다.

통계적 검정은 여러 가지 가정 위에 이루어집니다. 대화편에서는 국어시험에서 중학생 남녀 평균점수의 차이가 쟁점이었습니다. 그 차이가 '단순한 우연인지 아닌지'를 검정하려고 하는 것입니다. 그러기 위해서는 검정에 쓰일 가정을 하나하나 확인하면서 진행해야 합니다.

각각의 검정에 관해서 이야기하기 전에, 소로스의 머릿속에 있는 판단의 흐름을 살펴보겠습니다(그림 11-1). 대략 말하자면, 가장

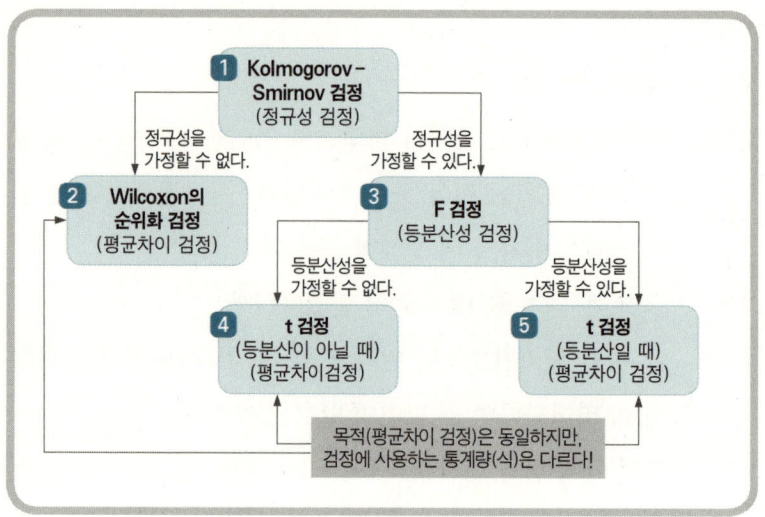

그림 11-1 • 평균 차이 검정의 흐름도

정밀한(적합한) 검정기법을 선택해야 하는데, 그림에 있는 판단의 흐름은 이를 위한 과정을 나타낸 것입니다.

최종적으로 '남녀 평균의 차이가 정말로 있는 것인가.'를 판단하고 싶은 것(평균 차이에 대한 검정)인데, 조건에 따라 검정기법이 바뀝니다.

분포와 검정

제일 먼저 판단해야 하는 것은 '정규성'입니다. '남학생과 여학생의 국어점수 분포가 각각 정규분포라고 볼 수 있는지(정확하게는 정규분포를 따르는 집단에서 표본을 추출했다고 할 수 있는지)'를 검정합니다. 왜냐하면, 마지막에 등장하는 t검정이라는 검정방법이 '정규분포에서 기인'하였기 때문입니다.

정규성을 확인하는 방법에는 ① 콜모고로프·스미르노프(KS)검정이 널리 이용되고 있습니다. 검정하는 계산방법이 까다롭지만, 요즘에는 소프트웨어가 해주기 때문에 몰라도 좋습니다.

검정 결과 정규분포가 아닐 경우에는 평균이 분포의 특징을 반영하고 있지 않습니다. 즉 평균을 중심으로 좌우대칭이 아닐 수 있습니다. 그럴 때에는 ② 윌콕슨의 순위화검정이라는 기법을 사용합니다.

순위화검정은 수치 그 자체를 사용하는 것이 아니라, 데이터의 순서를 이용하여 검정합니다. 이 검정의 장점은 '좋음', '보통', '나쁨' 등 양적으로 표현될 수 없는 데이터(질적 데이터)에 대해서도 유효하다는 것입니다.

표본 크기가 작을 때(27개 이하)는 만-휘트니 U검정이라는 방법이 사용됩니다. 기본원리는 윌콕슨의 순위화검정과 같습니다.

한편, KS검정으로 정규성이 확인된다면 t검정이 사용됩니다. 그러나 그 전에 등분산성을 조사해야 합니다. 〈분산이 일치하는 경우⑤〉와 〈일치하지 않는 경우④〉에 쓰이는 검정 통계량이 다르기 때문입니다.

조금 더 자세히 설명하자면, 정규분포는 평균과 분산(표준편차) 두 값에 의해 결정됩니다. [그림 11-2]는 평균은 같지만 분산이

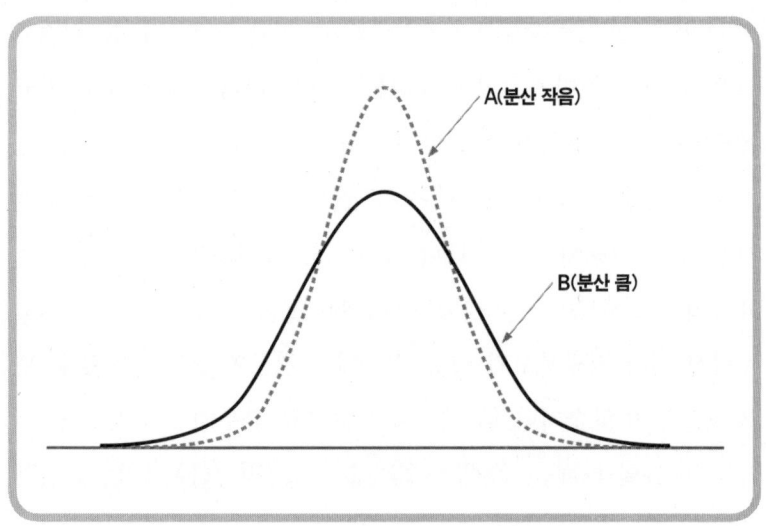

그림 11-2 • 평균이 같고 분산이 다른 정규분포

다른 정규분포를 나타내고 있습니다. 이러면 분포 A에서 표본을 추출했을 때와 분포 B에서 표본을 추출했을 때, 추출된 표본 데이터의 편차가 다르게 나옵니다. 이를 고려해서 비교해야 하므로 등분산성을 검정하는 것입니다. 분산이 다르면, 검정에 사용하는 통계량(식)은 더 복잡합니다.

등분산성을 검정할 때 사용되는 것이 바로 ③ F검정입니다. F검정의 F는 고안자인 로널드 피셔(Ronald Fisher)의 이름에서 유래하였습니다.

맥주를 맛있게 한 t검정

t검정에서 사용하는 t분포를 대략 설명하자면, 표본이 추출된 모집단의 분산을 모를 때 사용합니다. 모집단의 분산 대신 표본의 분산(데이터에서 계산한 분산)을 사용하는 것입니다.

예를 들어 자유도 10(t분포의 자유도란 '표본의 크기'에서 1을 뺀 값입니다)인 t분포와 표준정규분포를 나열해 보면 [그림 11-3]이 됩니다. 검은 선이 t분포이고, 푸른 선이 표준정규분포입니다. 두 분포가 상당히 비슷하지만 미묘하게 다릅니다. 표본 크기가 클 때(자유도가 클 때)에는 정규분포와 매우 가깝지만, 작을 때에는 무시할 수 없을 정도의 차이가 나타납니다.

t분포의 t가 어디에서 유래하였는지는 불분명합니다. t분포를 고

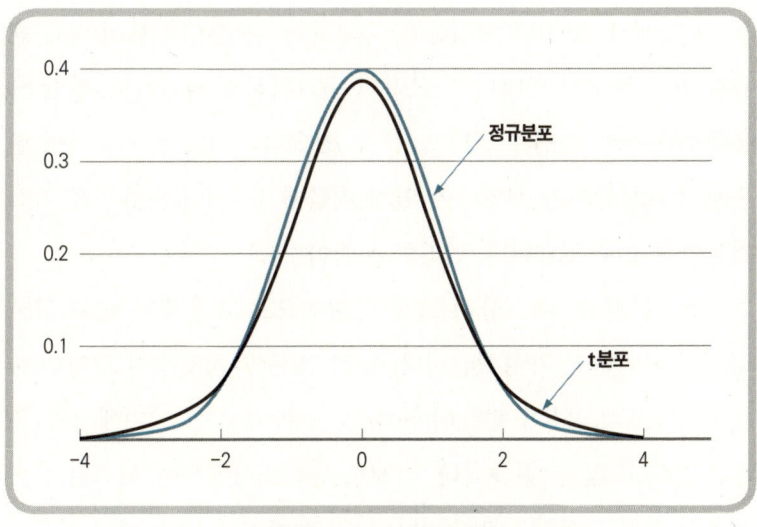

그림 11-3 • t분포와 정규분포

안한 고셋(Gosset)은 논문을 발표할 때 'Student'라는 필명을 썼는데, 그 머리글자가 S이고 다음이 t이기 때문에 소문자 t를 붙였다는 이야기를 학생 때 들었지만, 속설일 가능성이 높습니다.

고셋은 기네스 맥주 회사에서 일할 때, 맥주에 필요한 보리의 품질을 확인하기 위해, 적은 표본을 검정하는 방법으로 t검정을 개발했다고 합니다. 그러니 그 기원은 맥주의 검정이었던 것이죠. 오늘날 맥주가 맛있는 것은 어느 정도는 t검정의 덕이라고 할 수 있을 것입니다.

일단 해보세요

이번 장에서는 한꺼번에 많은 검정기법과 분포가 나와서 당황했을 것 같군요. 그러나 이것들은 말하자면, 액셀이나 브레이크, 핸들과 같은 도구일 뿐입니다. 그러니 두려워하지 마십시오. 일단 사용해보면 어떤 것인지 금방 느낄 수 있습니다. 요즈음에는 우수한 통계 소프트웨어가 개발되어 있기 때문에, t값이나 F값 등을 직접 계산할 필요도 없습니다. 편리한 시대이지요?

이번 장에서는 학생들의 표본이 한쪽으로 치우치지 않고 고르게 추출되었다고 가정했습니다. 만약 표본의 치우침이 크다면(예를 들어 특별히 성적이 좋은 여학생들만 모여있다든지) 여기에서의 추론은 옳다고 할 수 없습니다. 실제로 사회조사에서는 이러한 점을 매우 엄격히 검토하고 있습니다. 이번 대화편에 나온 예는 어디까지나 가공된 이야기일 뿐이므로, 실제로 적용할 때에는 주의하시기 바랍니다.

11장 정리

- 검정을 할 때에는 데이터의 특성에 따라 가장 적절한 기법을 선택해야 합니다.
- 정규분포를 가정한 검정기법에서는, 우선 표본의 분포가 정규성을 충족하는지 콜모고로프·스미르노프 검정으로 확인해야 합니다.
- 정규분포에서 추출된 두 개의 표본집단의 평균이 같은지를 확인할 때에는 t검정을 사용합니다.
- t검정을 하기 전에, 등분산성(분산이 같은지)을 확인하기 위해 F검정을 해야 합니다.
- 정규성을 가정할 수 없으면 윌콕슨의 순위화검정 등을 이용하여 검정합니다.

3부
통계의 심오한 세계

1부와 2부에서는 통계학의 기초적인 내용을 중심으로 살펴보았습니다. 3부는 응용편입니다. 주로 '일상생활에서 일어나는 현상에는 어떠한 법칙이 숨겨져 있는지'를 살펴보려고 합니다. 아직 대중에게 많이 알려지지 않은 통계적 법칙을 먼저 배우고 즐기자는 것이 목적입니다.

현재 연구가 진행되고 있는 주제들, 다른 책에서는 잘 다루지 않은 화제도 일부러 거론해 보았습니다. 통계학의 기초는 수학이지만, 사회나 경제 문제를 생각할 때에 힌트가 되는 이야기가 많이 있다고 생각합니다.

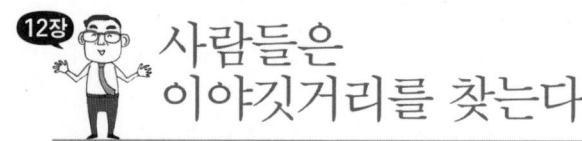

12장 사람들은 이야깃거리를 찾는다

모아가 「사건 저널」이라는 잡지를 험악한 얼굴로 읽고 있다.

모아 요즈음 세상이 뒤숭숭해. 살인사건 2건에, 음주운전사고, 납치사건이 이어지고 있고, 미국에서는 총기 난사사건. 세상이 이상해지고 있어.

히로미 맞아. 최근 급속하게 늘었지. 살인사건 범인은 회사 상사에게 심하게 혼나서 그랬다고 하고, 빚을 갚으려고 유괴를 했다지 않나, 음주운전은 홧김에 마셨던 걸까? 총기 난사사건은 뭐였더라?

모아 시험 결과가 좋지 않았던 학생이 교수를 죽이려고 했는데, 자리에 없어서 홧김에 근처에 있던 학생들을······.

히로미 모두 경쟁에 지쳐버린 거야. 틀림없어.

주방을 기웃거리던 소로스, 두 사람의 대화에 끼어든다.

소로스 무슨 이야기야?

히로미 경쟁사회가 요즈음 여러 사건의 원인이라는 이야기 중이었어.

소로스 원인? 그것보다 맥주 사러 갔다 올게. 냉장고에 없는 것 같아.

모아 음주운전 하지 마!

소로스 사 와서 집에서 마실 거야.

히로미 안된다니까, 술만 마셔대면.

소로스 아, 맥주도 못 마시는 인생. 그런데 최근에 사건이 계속되는 것이 정말로 경쟁적인 사회 탓일까?

히로미 그럼, 이 세상은 스트레스가 가득 차 있어.

소로스 하긴, 나도 누구누구가 맥주를 못 사게 해서 스트레스가 쌓였거든요. 누구나 상사에게 혼나거나, 성적이 좋지 않거나, 홧김에 술을 마시거나 하지. 모두 각자의 스트레스를 안고 사는 거야.

모아 그렇지만 아빠처럼 소소한 스트레스가 아니잖아. 모두 경쟁에 지쳤다고. 맥주를 못 사는 정도가 아니라.

히로미 평론가도 그렇게 말했어. 테루 어라이라고. 자본주의 사회의 모순이 분출돼서 터지고 있는 거래.

소로스 테루 어라이?

히로미 유명한 평론가야. 당신은 잘 모르겠지만.

소로스 그런 사람 몰라. 그리고 이름이 왠지 신뢰감이 없어 보여. 아무튼 원래 아무 관계 없이 되는대로 일어나는 일이라는 게, 사실은 연속해서 일어나기도 쉽거든.

히로미 혹시 또 통계 이야기?

소로스 정답. 공짜로 강의를 들을 수 있으니, 행운이지?

히로미 진짜 가르치기 좋아하는 사람이네. 그건 그렇고 '아무 관계 없이 되는대로 일어나는 일'이라는 말이 무슨 뜻인지 모르겠어.

소로스 그런 것을 포아송분포라고 하는데, 설명이 좀 어려워. 예를 들어 교통사고 발생 횟수를 한 달 동안 기록해 두면 정규분포와는 조금 다른 모양의 분포가 돼. [그림 12-1]을 봐. 이게 포아송분포야.

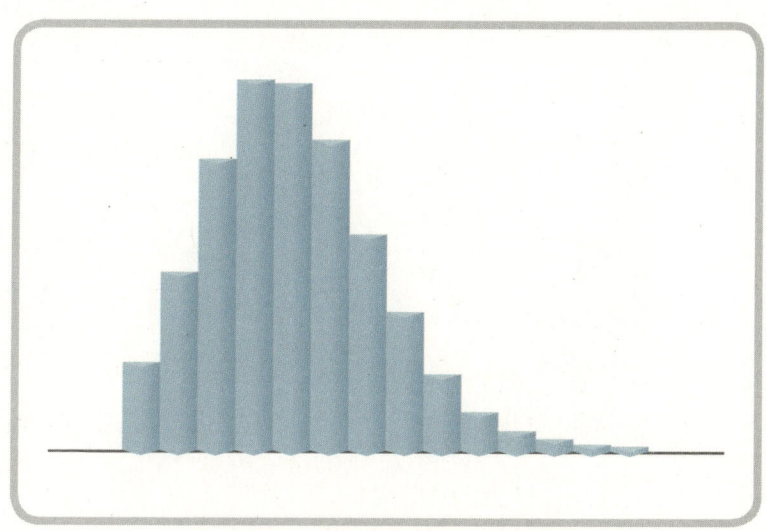

그림 12-1 • 포아송분포의 히스토그램 예

다음으로 사고의 횟수가 아니라, '사고가 한 건 일어난 후, 다음 사고가 발생할 때까지 걸린 시간'을 재보는 거야. 어떤 항공기 사고가 일어났을 때부터 다음 항공기 사고가 일어날 때까지의 시간을 분포로 나타내 보는 거야. 그러면 지수분포라는 분포가 되지(그림12-2). 이것은 종 모양이 아니지, 시간 0 부근이 가장 크고 시간이 길어질수록 0에 가까워지는 형태야.

모아 모르겠어, 아빠. 도대체 무슨 말을 하고 싶은 거야?
소로스 '시간이 많이 가기 전에 다음 사고가 일어날 확률이 높다.' 라는 말이야.

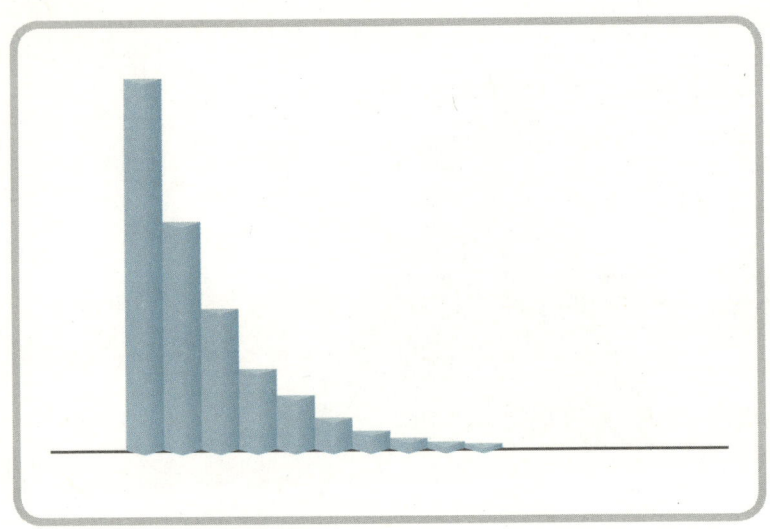

그림 12-2 • 지수분포의 히스토그램 예

모아 그건 또 무슨 뜻이야?

소로스 서로 어떤 관계도 없는 사건들이 연속해서 일어나기는 뜻밖에 쉽다는 거지.

히로미 정말? 그럼 사건들 사이에는 아무런 관계가 없는 거야?

소로스 관계가 있는지 없는지는 몰라. 하지만 '전혀 관계가 없어도 사건은 연속해서 일어난다.'라는 것은 알지. 거꾸로 말하면, 사건이 연속해서 일어난다고 해서 그 사건들이 서로 관계있다고 할 수는 없다는 거야.

모아 그러면 테루 어라이의 말은 틀려? 진짜로 자본주의 사회의 모순이 분출해서 터지는 걸지도 몰라.

소로스   사회의 모순은 어느 시대에나 분출되는 것이니까. 사회주의라는 것도 실제로는 먹을 것이 없어서 힘들었다고 하잖아. 세상은 모순투성이야.

모아   상식이란 것도 거짓투성이라는 거군. 그런 의미에서 보면, '테루 어라이'는 잘 지은 이름일 지도 몰라.

히로미   "Tell a lie", 거짓말 하다(쓴웃음). 뭐, 세상은 이치대로 돌아가지 않는 게 더 많으니까.

소로스   맞아. 사람은 뭐든지 이야깃거리로 만들지 않으면 불안하니까, 연속된 현상을 하나의 이야깃거리로 연결하기 쉬워. 그러나 실제는 그렇지 않을지도 몰라. 인간은 의미를 찾지. 삶에 의미가 없으면 견딜 수 없고, 나는 맥주가 없으면 견딜 수 없다!

히로미   알았어, 알았어. 어떻게든 맥주를 마시고 싶다는 거지? 내가 사다 줄게.

소로스   사모님 최고이십니다.

모아   엄마, 내 것도!

히로미   네네, 다녀오겠습니다.

"

포아송분포

화제를 바꿔서, 병원 이야기를 해보겠습니다. 그 병원은 예약제가 아닙니다. 그러면 환자의 수는 어떻게 추정할까요?

아침에 진료를 시작할 때나 점심시간이 끝나고 오후 진료를 시작할 때에는 환자가 많을 수 있습니다. 보통 시간대에는 환자들이 대중없이 올 것입니다. 환자가 많이 와서 바쁜 시간대가 있다면, 아무도 오지 않아서 한가할 때도 있겠죠. 환자가 10분 간격으로 한 명씩 정기적으로 오는 상황은 거의 없을 것입니다.

그 이유는 환자 각각의 개인적인 사정이나 기분에 따라 병원에 오는 시각이 결정되기 때문입니다. 어떤 환자가 병원에 도착하는 시각은 다른 환자가 병원에 도착하는 시각과 전혀 관계가 없습니다. 물론 대기하는 경우에는 다르지만 말입니다.

이처럼 '서로 관계없이 일어나는 현상'을 통계(혹은 확률론) 용어로는, 환자의 도착 시각이 '독립적'이라고 합니다.

'독립적인 (서로 관계없이 일어나는) 사건이나 사고 등이 정해진 기간 내에 몇 번 일어났는가'를 기록하면 포아송분포라는 것이 나타납니다. 포아송은 프랑스의 명문대학 에콜 폴리테크니크의 옛 교수 이름입니다.

대화편의 [그림 12-1]과 같은 분포를 포아송분포라고 합니다. 포아송분포의 특징은 한 개의 산마루가 있지만, 정규분포와 같은 좌우대칭은 아니라는 것입니다. 왼쪽으로 치우쳐 있는 모양입니다.

포아송분포를 나타내는 공식을 쓰면 포아송분포의 이론값을 계산할 수 있습니다. 하지만 어려운 수식이므로 생략합니다. 여기서는 포아송분포의 특징을 알고, 공식에 의해 이론값을 도출할 수 있다는 사실만 알아두면 되겠습니다.

말에 차여 죽은 병사의 숫자

역사상 포아송분포가 처음 사용된 것은, 프로이센 육군의 기병 연대에서 말에 차여 죽은 병사의 수에 적용한 것입니다.

러시아의 경제학자 보르트키에비치에 의하면, 1875년부터 1894년까지 20년 동안 말에 차여 죽은 병사의 수는, 14개 연대(G연대부터 ⅩⅤ연대까지)별로 각각 [표 12-1]과 같습니다.

이 표에서 각각의 칸에 적혀진 1~4라는 숫자는 사망자 수, '-' 는 사망자 없음(0명)을 의미합니다. 연도별, 연대별로 사망자 수를 세어보면 [표 12-2]와 같습니다.

	75	76	77	78	79	80	81	82	83	84	85	86	87	88	89	90	91	92	93	94
G	-	2	2	1	-	-	1	1	-	3	-	2	1	-	-	1	-	1	-	1
I	-	-	-	2	-	3	-	2	-	-	1	1	1	-	2	-	3	1	1	-
II	-	-	-	2	-	2	-	-	1	1	-	-	2	1	1	-	-	2	-	-
III	-	-	-	1	1	1	2	-	2	-	-	-	1	-	2	1	-	-	-	-
IV	-	1	-	1	1	1	1	-	-	-	-	1	-	-	-	-	1	1	1	-
V	-	-	-	-	2	1	-	-	1	-	1	-	1	1	1	1	1	-	-	-
VI	-	-	1	-	2	-	-	1	2	-	1	1	3	1	1	1	-	3	-	-
VII	1	-	1	-	-	-	1	-	1	1	-	-	2	-	-	2	1	-	2	-
VIII	1	-	-	-	1	-	-	1	-	-	-	-	1	-	1	1	-	-	-	1
IX	-	-	-	-	2	1	1	1	-	2	1	1	-	1	2	-	1	-	1	-
X	-	-	1	1	-	1	-	2	-	2	-	-	-	2	1	3	-	1	1	1
XI	-	-	-	-	2	4	-	1	3	-	1	1	1	1	2	1	3	1	3	1
XIV	1	1	2	1	1	3	-	4	-	1	-	3	2	1	-	2	1	1	-	-
XV	-	1	-	-	-	-	1	-	1	1	-	-	-	-	2	2	-	-	-	-

표 12-1 • 프로이센육군의 기병연대에서 말에 차여 죽은 병사수의 기록

사망자 수	0	1	2	3	4	5
관측값	144	91	32	11	2	0

표 12-2 • 연간 사망자수로 정리한 경우

20년간 총 사망자 수는 196명입니다. 1개 연대당 연간 평균 사망자 수는, 총사망자 수를 20년×14연대=280으로 나누면 0.70명입니다. 포아송분포는 평균 하나만으로 그 형태가 결정되므로, 이 숫자를 기반으로 이론값을 계산합니다.

[그림 12-3]은 평균 0.70인 포아송분포로부터 적용된 이론값과 실제값(관측값)을 비교한 것입니다. 이론값과 관측값이 무서울 정도로 일치하지 않습니까? 이것은 '말에 차여 죽는다.'라는 사고가 독립적이라는 사실에서 오는 성질입니다.

그런데 '말에 차인 병사의 예'에서는 사망자 수 0부분에 산마루가 있으므로 포아송분포다운 면이 잘 보이지 않습니다. 그래서 평균이 3인 포아송분포의 이론값을 그려보겠습니다.

[그림 12-4]와 같이 평균 (이 예에서는 3) 주변이 가장 높은 분포가 됩니다. 여기서는 연속적인 곡선으로 분포를 표현하고 있지만, 실제로는 가로축이 횟수이므로 대응하는 곡선 상의 푸른 점(동그라미)만 의미 있습니다.

사건은 계속된다

다음으로 포아송분포를 따르는 현상이 어느 정도 간격으로 일어나는지 생각해 보겠습니다.

병사의 예로 말하자면, '병사가 말에 차여 죽는 사고가 일어났을 때부터, 같은 사건이 다시 일어날 때까지 걸린 시간'입니다. 이것

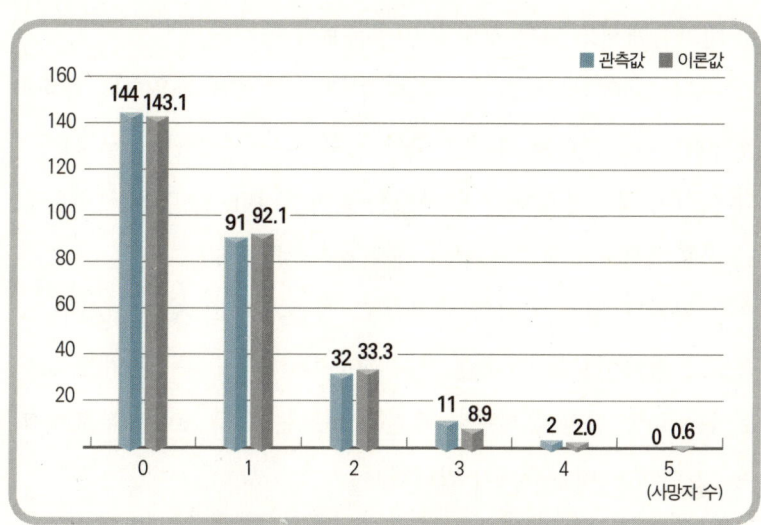

그림 12-3 • 관측값과 이론값을 비교해보면…

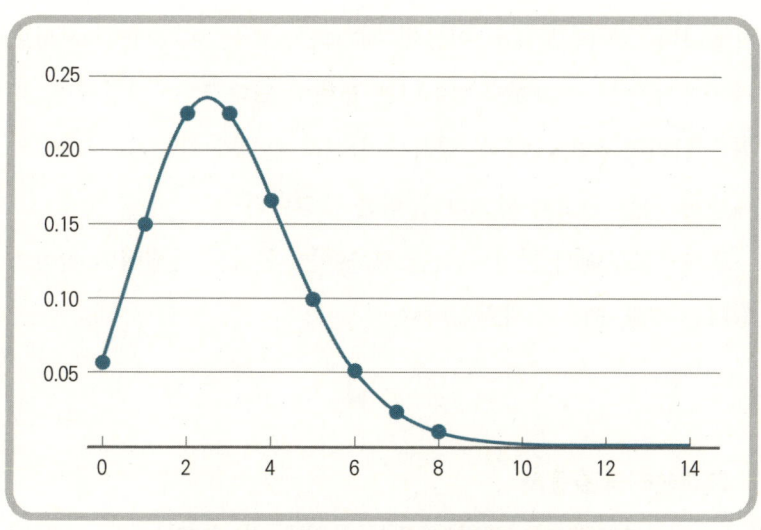

그림 12-4 • 평균이 3인 포아송분포의 이론값

은 대화편에서도 나온 것처럼 지수분포가 됩니다.

　지수분포에서는 사건과 사건의 간격이 좁으면 좁을수록 확률이 높아집니다. 즉 말에 차여서 병사가 죽은 사건부터 다음 사건까지의 간격이 짧으면 짧을수록 확률은 높아집니다. 즉 다음 사건은 사고 직후에 일어났을 가능성이 가장 높은 것입니다.

　이 외에도 일정 기간의 교통사고, 항공기사고, 지진의 횟수, 고속도로 톨게이트를 지나간 차의 대수 등, 언뜻 아무 관계도 없어 보이는 각종 현상의 횟수와 관련된 분포는 모두 포아송분포가 되며, 그 간격은 지수분포가 됩니다.

　즉 사건 사고는 연속해서 일어나는 경향이 있는 것입니다.

　대화편에서 소로스가 말한 것처럼, 지금까지의 설명이 '연속해서 일어난 일이지만, 서로 관계가 없다.'라는 것을 보증하는 것은 아닙니다. 포아송분포의 이론이 시사하는 바는 어디까지나 '서로 관계가 없어도 연속해서 일어나는 경향이 있다.'라는 것입니다. 표현을 달리하자면, '연속한 현상끼리 실제 관계가 있는지를 알기 위해서는, 다른 정보가 필요하다.'라는 것입니다.

　포아송분포에서 벗어나 있는 경우에는, 현상의 독립성이 의심스럽다는 것도 중요한 사항입니다.

고객센터의 효율화

'포아송분포를 이해한다고 해서 무엇을 알 수 있는가?'라고 떨

떠름해 할 수도 있겠습니다. 그러한 독자를 위해 도움이 될 만한 정보를 소개합니다.

일본에서는 효율화라고 하면 인원감축을 의미하는 경우가 많습니다. 지금까지 10명이 했던 일을 5명이 하게 되면 효율화되었다고 합니다. 인원감축으로 효율화한 것처럼 보일 수도 있겠지만, 정말 그런 것일까요?

이 문제를 판단하는 데 포아송분포가 도움됩니다.

일도 여러 종류가 있겠지만, 여기에서는 자잘한 일들이 차례로 주어지는 상황을 생각해봅시다. 수학적으로 말하자면, 일이 상호 관계없이 무작위로 주어진다고 가정합니다.

예를 들어 고객센터에 소비자 상담 전화가 오는 상황은 여기에 꽤 가깝습니다. 1시간에 몇 번 왔는지를 기록하면 앞에서 본 포아송분포가 됩니다. 이것을 일이 '포아송분포로 도착한다.'라고 표현합니다.

고객센터에 몇 명의 상담원이 있는지에 따라 일의 바쁜 정도가 다릅니다. 직감적으로는 한 명이 한 일을 2명이 한다면, 일을 마칠 때까지 걸리는 시간은 반으로, 4명이 하면 다시 반으로…… 될 것 같습니다.

고객센터의 작업효율이란 '전화를 건 손님의 대기시간을 줄이는 것'이라고 생각합니다. 그러므로 상담원의 수와 전화 대기시간의 관계를 포아송분포를 응용해서 계산해 보겠습니다.

[그림 12-5]는 포아송분포로 도착하는 일이 끝날 때까지의 시

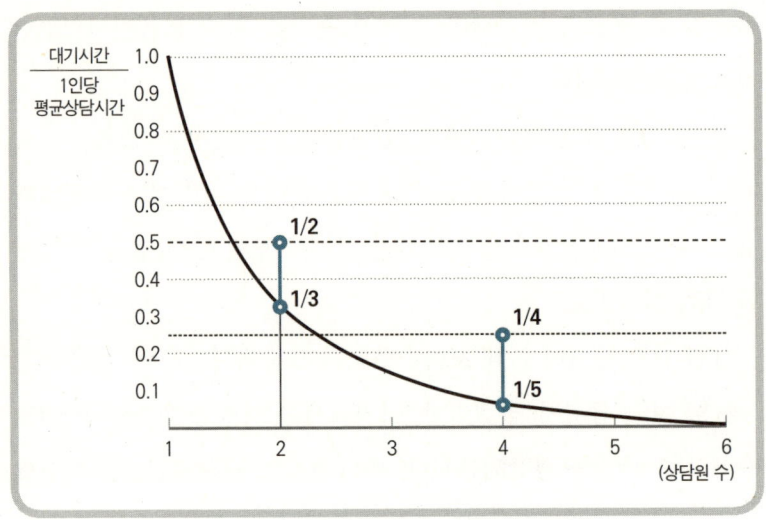

그림 12-5 • 상담원 수와 상담에 소요되는 평균시간

간과 상담원 수의 관계를 그래프로 나타낸 것입니다. 가로축이 '고객센터의 상담원 수', 세로축이 '손님의 대기시간이 상담원 1명당 평균 상담시간의 몇 배가 되는가'를 나타내고 있습니다. 상담원이 한 사람일 때는 1이지만, 2명이 되면 2분의 1보다도 대기시간이 줄어들어 3분의 1이 되는 것을 알 수 있습니다.

대기행렬이론

왜 이런 결과가 나오게 되었는지, 그 계산 방법을 설명하겠습니다. 계산에는 다음의 두 가지 데이터가 필요합니다.

(a) 1시간에 상담이 평균적으로 몇 건 오는가?
(b) 상담원이 1시간에 처리할 수 있는 평균 건수

'처리할 수 있는 평균 건수에 대해, 상담이 평균적으로 몇 건 오는지를 나타낸 것'을 이용률이라고 합니다. 이용률은 위의 경우 (a)÷(b)로 구할 수 있습니다.

1시간에 평균 3건의 상담이 들어오는 고객센터에서, 상담원이 1시간에 평균 6건을 처리할 수 있을 경우의 이용률은 3÷6으로 0.5가 됩니다. 여기에서는 '(a) 상담 건수는 (b) 처리 가능 건수보다 적다.'라고 가정하였습니다. 기다리면 언젠가는 상담받을 수 있는 순서가 돌아온다는 것입니다.

반대로 (a)가 (b)보다 클 경우, 상담원이 처리할 수 있는 한계를 벗어난 상담이 들어온다는 것을 의미합니다. 그렇게 되면 평균 상담시간은 계산할 수 없습니다.

상담원 수가 1명 혹은 2명인 경우의 평균대기시간은 다음 공식으로 계산할 수 있습니다.

$$평균\ 대기시간 = \frac{이용률^{상담원수}}{1-이용률^{상담원수}} \times 평균\ 상담시간$$

이 수식은 오퍼레이션 리서치(Operation Research) 분야에서 유명한 '대기행렬이론'의 가장 기본적인 공식 중 하나입니다. 단순화하기 위해 이용률이 항상 0.5라고 합시다(이 숫자에 특별한 의미는 없

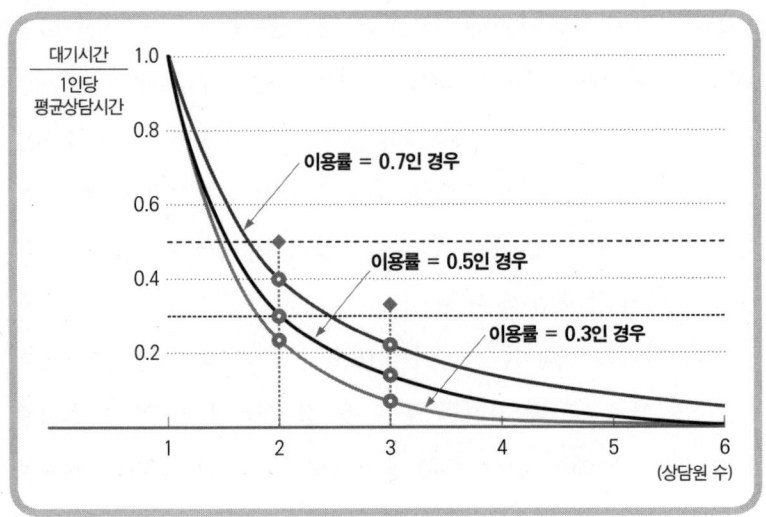

그림 12-6 • 대기시간

습니다). 계산해 보면 상담원을 2명으로 했을 때, 대기시간은 3분의 1이 됩니다. 물론 대기시간은 이용률에 따라 변합니다. 이용률이 0.5가 아닌 경우에는 어떤 값이 될까요?

효율적인 서비스 처리

이용률이 0.3, 0.5, 0.7일 때, 대기시간이 상담원의 수에 따라 어떻게 변화하는지를 나타낸 것이 [그림 12-6]입니다. 어떠한 이용률이든 인원수 분의 1보다는 대기시간이 줄어드는 것을 알 수 있습니다.

경영의 관점에서 보면, 손님의 대기시간이 줄어드는 것은 일종의 효율화라고 생각할 수 있습니다. 그렇다면 이 결과로부터 '사람 수를 늘리면, 늘린 사람 수의 배수 이상으로 효율성이 증가한다.'고 할 수 있습니다.

참고로 말씀드리면, 여기에서 소개한 예는 다소 비현실적인 가정을 포함하고 있습니다. '상담이 길어져 업무종료 시각인 오후 5시를 넘기면, 그다음 상담은 다음날로 넘어간다.'와 같은 상황이나, '너무 오래 기다려야 해서 상담받기를 포기한다.'라든가, '현실의 창구에서는 대기하는 사람이 얼마나 있는가에 따라 이용률이 변하는 것 아닌가?'라는 것까지는 생각하지 않았습니다. 어디까지나 이상적인 상황을 가정한 이야기였습니다.

대기행렬이론은 실제로 다양한 분야에서 이용되고 있습니다. 전화교환기나 웹사이트 서버의 부하에 대한 견적, 공항, 역, 병원 창구의 설계 등이 있습니다. 처리능력에 따라 '전화교환기나 서버를 몇 대 정도 준비하는 것이 좋은가?', '창구를 몇 개로 하면 좋은가?' 등을 설계 단계에서 견적을 내야 할 때 포아송분포나 대기행렬이론이 대활약하고 있는 것입니다.

또한, 대기행렬이론은 비교적 간단하고 응용범위도 넓으므로 정보처리기술자시험(초급 시스템 관리자 시험, 응용 정보처리 기술자 시험, 네트워크 전문가 시험 등)에서도 출제되고 있습니다.

12장 정리

- 서로 관계가 없는 (독립적인) 사건, 사고 등이 일정 기간에 몇 번 발생했는지를 기록하면 포아송분포가 됩니다.
- 포아송분포를 따르는 사건, 사고 등이 한 번 일어난 후 다시 비슷한 사건, 사고가 일어날 때까지의 기간은 지수분포를 따르게 됩니다.
- 지수분포는 시간 0의 부분이 가장 높고 우하향하는 분포이므로 서로 관계가 없는 사건, 사고일지라도 연속해서 일어나기는 쉽습니다.
- 사건이 연속해서 일어나고 있다고 해서, 사건끼리 관계가 있다고 할 수는 없습니다.

서민의 세계

일요일, 부엌에서 양파를 볶고 있는데 모아가 계단을 내려오고 있다. 귀찮아질 것 같다.

"

모아   아빠, 질문이 있는데.

소로스   뭐? 수학?

모아   오늘은 다른 거야. 저기, 아빠 월급 얼마야?

소로스   또 성가신 질문이네.

모아   요 몇 년 동안 전혀 안 오른 거 아냐?

소로스   매년 1%씩 예산이 줄어들고 있으니, 정기승급분이 사라지고 있어.

모아   그렇다면 내년 세뱃돈도 기대하나 마나네.

소로스   그렇다고 나쁜 것만은 아니잖아. 지금은 물가가 안 오르니

모아 까, 살 수 있는 것은 같아. 아파트는 반값이 되기도 하잖아.

모아 아파트는 관심 없고. 그래도 잘 버는 사람은 변함없이 잘 벌겠지? 메이저리그의 이치로 같은 사람은.

소로스 그는 다른 세계의 사람이야.

모아 같은 일본인이잖아. 이치로도 차근차근 노력했을 거야. 작은 노력을 거듭하는 것이 중요한 것 아닐까? 그래서 몇억 엔이나 벌게 됐으니까.

소로스 아니, 진짜 다른 세계라니까. 우리가 작은 노력을 거듭해도 이치로처럼은 안 되지.

모아 "그런 부정적인 사고 회로가 돈을 못 버는 원흉이다!"라고 비즈니스 책에 나와 있어. 하기는 대학교에서 일하니까 어

차피 무리겠군. 가장 많이 번다고 해도 어차피 월급의 상한액까지잖아.

소로스 맞아. 서민은 로그정규분포라는 세계에서 살고 있지.

모아 로그정규분포?

소로스 말하자면 곱셈으로 나오는 것이 로그정규분포라는 거야. 이 카레도 여러 가지 향신료가 섞이면서 맛있어지잖아. 그것과 비슷해.

모아 알 것 같으면서도 모르겠네.

소로스 한마디로 설명하기는 어려워. 카레 다 됐으니 먹으면서 이야기하자.

모아 맛있겠다. 이야기는 길어지겠지?

❞

일본인의 소득분포

일본인의 소득은 어떤 분포로 되어 있다고 생각하십니까?

월급명세서를 보면 'OO수당'이라는 항목이 있는 분이 많을 것입니다. 월급은 기본급 외에 여러 수당이 합해진 것이므로 정규분포가 될 것 같지만, 사실은 그렇지 않습니다. 소득 분포에는 정규분포와는 다른 두 개의 분포가 숨어 있습니다.

2008년도 세대 소득 분포를 봅시다. [그림 13-1]을 보면 소득의 분포는 전체적으로 왼쪽에 치우쳐 있습니다. 정규분포라고 하기에는 조금 비뚤어져 있는 것이죠. 이 데이터에 의하면 소득의 평

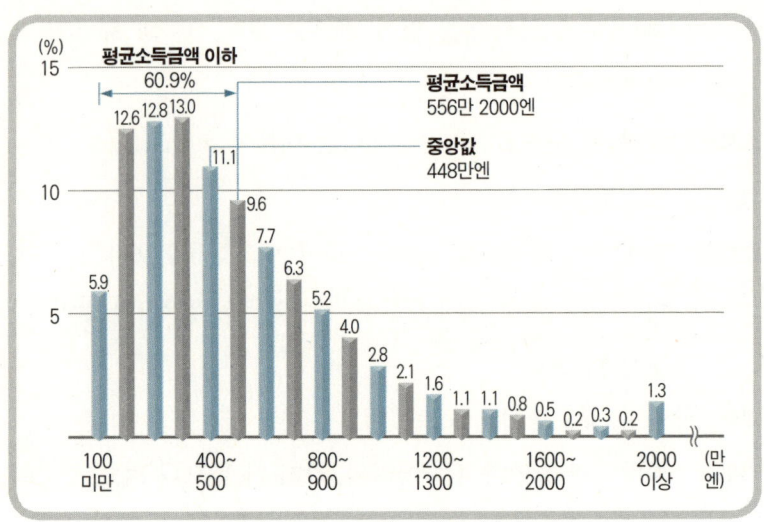

그림 13-1 • 2008년도 세대소득 분포

균은 556만 2000엔입니다. 그 밑에 중앙값이 448만 엔이라고 적혀 있습니다.

중앙값과 평균은 왜 이렇게 차이가 나는 것일까요? 1장에서 살펴본 것처럼 고액소득자의 소득을 합한 값이 매우 큰 이유도 있지만, 그 외에도 분포가 원래부터 비뚤어져 있다(좌우대칭이 아니다)는 이유도 있습니다.

로그정규분포

대화편에도 나왔지만, 서민의 세계를 지배하고 있는 것은 '로그

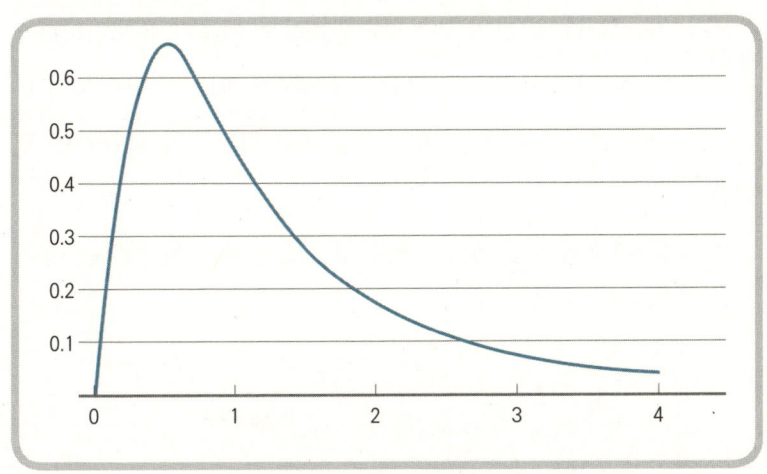

그림 13-2 • 로그정규분포

'(대수)정규분포'라는 것입니다. 정규분포와 이름은 비슷하지만, 서로 다른 분포로 모양도 다릅니다(그림 13-2). 정규분포는 '덧셈'으로 나오는 분포라면, 로그정규분포는 '곱셈'으로 나오는 분포입니다.

10장에서 로그에 대해 간단히 언급했지만 추가로 설명하자면, '곱셈'에 로그를 취하면 '덧셈'으로 변합니다. 예를 들어, $100 \times 1000 = 100{,}000$이라는 식을 $10^2 \times 10^3 = 10^5$라는 형태로 바꿔 쓰면, 위에 쓴 숫자가 $2+3=5$로 된다는 것을 알 수 있습니다. 이것은 '곱셈에 로그를 취하면 덧셈이 된다.'는 것을 의미합니다.

즉 '곱셈으로 나오는 분포'는 로그를 취함으로써 '덧셈으로 나오는 분포'가 되는 것입니다. 덧셈으로 나오는 것은 정규분포이므로, 'X가 로그정규분포를 따른다면, X에 로그를 취한 것은 정규분포를 따른다.'가 됩니다. 이것이 로그정규분포라는 이름의 유래입니다.

거꾸로 말하면, X가 로그정규분포를 따르고 있는지 확인하기 위해서는, X에 로그를 취한 값이 정규분포를 따르는지 확인하면 됩니다.

로그정규분포의 세계에서는 극단적으로 높은 소득을 얻는 것이

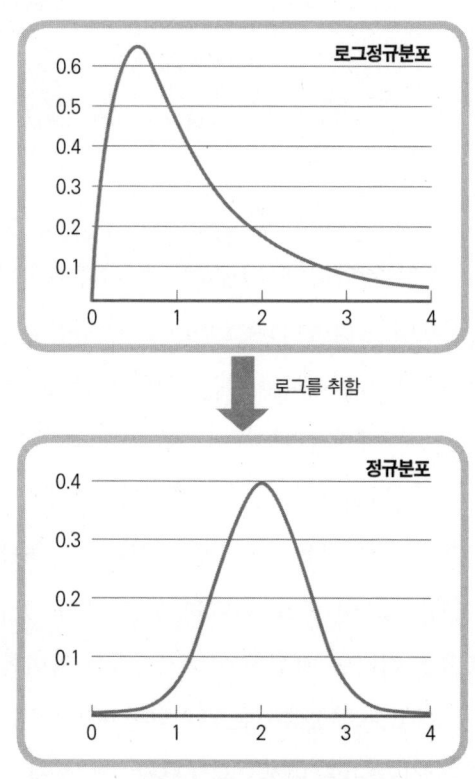

그림 13-3 • X가 로그정규분포를 따르면,
X에 로그를 취한 값은 정규분포를 따름

거의 불가능합니다. 평범한 샐러리맨이 2,000만 엔이 넘는 소득을 얻는 것은 무척 어렵습니다.

일본에서는 2,000만 엔 이상의 소득이 있으면, 샐러리맨이라도 확정신고를 해야 합니다. 이러한 사실은 국세청이 소득 2,000만 엔 이상의 샐러리맨은 거의 없다고 생각한다는 것을 의미합니다.

꼬박꼬박 저축하는 사람들

'서민의 세계는 로그정규분포를 따른다.'라는 현상은 어떠한 메커니즘으로 발생하는 것일까요?

결론부터 말씀드리면, 소득이 실제로 어떻게 결정되는가에 대한 메커니즘은 완전히 해명되지 않았습니다. 하지만 그 분포가 로그정규분포를 따르고 있다는 것은 그 배후에 어떤 '곱셈'이 숨겨져 있다는 것을 의미합니다. 여기에서는 '곱셈'으로 소득이 결정되는 과정을 수학적인 모형으로 생각해 보겠습니다.

서민의 세계에서 사는 사람들은 회사에서 급여를 받거나(임원은 제외합니다), 비교적 작은 규모의 자영업으로 생계를 유지하고 있습니다.

가장 대표적인 예로 샐러리맨을 생각해 봅시다. 샐러리맨의 급여를 좌우하는 요인은 어떤 것들이 있을까요?

예를 들어 '학력'이 있습니다. 대졸인가 고졸인가 또는 어느 수준의 대학을 나왔는가 하는 요인이 급여에 반영된다고 할 수 있습니다. 반영된 형태는 다양하겠지만, 급여가 높은 기업에 입사할 가능성은 학력과 관계가 있을 것입니다. 여기에서는 과감히 단순화해서, 만약 '대졸이면 고졸의 1.3배의 소득을 얻을 수 있다.'라고 해둡시다.

또 '입사 후에 자신에게 맞는 업무를 주는지'라는 요인도 업무의 성과를 좌우한다고 생각됩니다. 그래서 '자신에게 맞는 일을 줄 경우에는 소득이 1.2배가 된다.'라고 합시다.

자신에게 맞는 일이라 할지라도, 입사한 회사의 상태가 나쁘면 급여는 좀처럼 오르지 않습니다. 실적이 좋은 회사에 입사하면 소득이 1.1배로 늘어난다고 합시다. 그밖에 배치된 부서의 상사에 의해 좌우되는 부분도 클 것으로 생각합니다. 좋은 상사의 덕으로 소득이 1.2배 될 수 있다고 합시다.

'대졸이고, 자신에게 맞는 일을 할 수 있고, 성장이 빠른 회사에 입사하여, 좋은 상사를 만난 행운아'와 '대졸도 아니고, 실적이 좋지 않은 회사에 입사하여, 자신에게 맞지 않는 일을 하고, 상사 운도 없는 불운한 사람'이 있다고 합시다. 이처럼 단순하게 생각한 경우, 행운아의 급여는 불운한 사람의

$$1.3 \times 1.2 \times 1.1 \times 1.2 = 2.0592배$$

가 됩니다.

하나하나의 차이는 별로 크지 않더라도 곱셈하면 큰 차이가 됩니

다. 서민의 세계가 곱셈으로 나오는 로그정규분포를 따르는 이유는 서민의 소득이 '작은 것들이 곱해져 모인 것'이기 때문입니다.

이러한 메커니즘을 승수과정이라고 합니다. 승수과정이 배후에 있을 때 그 확률분포는 로그정규분포가 됩니다.

이상이 소득분포에 관한 일반적인 견해입니다.

13장 정리

- 소득분포는 어느 금액까지는 대개 로그정규분포를 따릅니다.
- 독립적인 변수를 곱셈하면 로그정규분포가 나타납니다.
- 확률변수 X가 로그정규분포를 따르면, X에 로그를 취한 값은 정규분포를 따릅니다.

# 14장 부자의 세계

모녀는 카레를 먹으면서 계속 이야기를 나누고 있다.

모아   그러면 꿈이 없잖아. 정말로 다른 세계인 거야? 아빠도 부자가 될 가능성은 없어?

소로스   너도 참 끈질기네. 날 닮아서 그런가? 소득분포라는 것은 어느 정도 금액 이상이 되면 '멱함수분포'가 돼. 지금은 아마 2,000만 엔 정도일 거야. 그 정도에서 확 꺾이는 느낌이지. 멱함수분포에서는 엄청나게 극단적인 금액이 나와 버려.

모아   서민과 부자의 세계 사이에는 틈이 벌어져 있구나.

소로스   맞아. 그 틈이 얼마나 벌어져 있는지는 조금 논란이 있지만 말이야. 통계적으로 볼 때는, 다른 세계가 전개되어 있다는 것은 확실해. 부자의 세계와 달리 서민의 세계는 로그정규분포라는 분포로 되어 있어.

모아 앞에서 말했잖아. 정규분포는 아빠한테 몇 번이나 들어서 귀에 딱지가 앉을 정도야.

소로스 네가 이해를 잘 못하니까 반복해서 설명하는 거야. 한 번 더 설명하면, 정규분포는 덧셈에서 나왔지만 로그정규분포는 곱셈에서 나왔어.

모아 곱셈, 서민의 소득은 작은 것들이 곱해져 모인 거라고 했지?

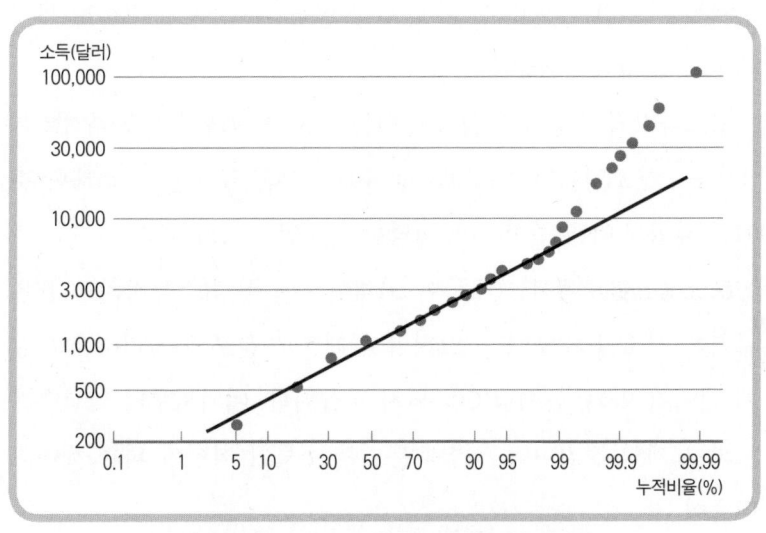

그림 14-1 • 미국의 소득분포 (1935~36년)

가로축은 누적비율을 나타냄. 예를 들어, 누적비율 90%에 해당하는 소득은 3000달러로서, 소득 3000 달러 이하의 사람들이 전체의 90%를 차지함을 의미한다. 상위 1%부터 분포가 변함을 알 수 있다.

소로스 잘 기억하고 있네. 그에 비해 부자 혹은 고소득자들의 세계는 축적된 것이 아니야. 그때그때의 운이 소득을 크게 좌우해. 멱함수분포의 세계에서 살거든.

모아 뭔가 씁쓸하네, 서민은 작은 것을 하나하나 축적해 나갈 수밖에 없군.

소로스 그 대신 확실하긴 하잖아. 가늘고 길게 가는 거지, 뭐.

99

멱함수분포

앞 장에 이어 일본인의 소득 분포에 관해 이야기하겠습니다. 이 장에서는 2,000만 엔(2억 원)을 넘는 상위 약 1.3%의 고소득 세대의 세계를 살펴보겠습니다.

고소득자의 세계를 지배하고 있는 분포는 '멱함수분포(파레토 분포)'라는 분포입니다. 2,000만 엔이라는 선은 앞 장에서 소개한 것처럼 세법에 따른 것이지만, 적당한 기준인 것 같습니다.

로그정규분포에서는 소득이 고액이 될수록 고소득자의 비율은 급격히 감소할 것입니다. 그러나 실제로는 분포의 꼬리(tail)가 길게 이어져 있어, 좀처럼 0이 되지 않습니다. 여기서부터 멱함수분포의 세계인 것입니다. 멱함수분포란 소득이 이상이 되는 세대의 비율이

$$\frac{1}{x^{\text{파레토 지수}}}$$

에 비례하는 것입니다.

2^3, 3^5처럼 같은 수를 몇 번이고 곱하는 것을 '거듭제곱'이라고 하는데, 한자로는 '멱(冪)'이라는 글자를 사용합니다. 소득의 거듭제곱에 반비례하는 형태로 되어 있어서, '멱함수분포'라는 이름이 붙었습니다. 여기에서 소득의 몇 거듭제곱인지를 나타내는 지수의

파레토 지수가 작으면 꼬리(tail)가 두껍다.

파레토 지수가 크면 꼬리(tail)가 얇다.

부분을 파레토 지수라고 합니다.

이 '파레토 지수'가 꼬리의 굵기를 결정합니다. 파레토 지수가 커지면 꼬리가 얇아지고, 반대로 작아지면 꼬리는 굵어집니다.

로그정규분포의 세계에서는 극단적인 일이 일어날 가능성이 거의 없습니다. 반대로 멱함수분포의 세계에서는 극단적인 일도 쉽게 일어납니다. 파레토 지수는 극단적인 일이 일어나기 쉬운 정도를 나타내는 것입니다. 파레토 지수가 클수록 극단적인 일이 일어나기 어려워지고, 작을수록 극단적인 일이 일어나기 쉽습니다.

승부를 거는 사람들

소로스의 말대로 고소득자는 '축적하는 것이 아니라 그때그때의 운이 소득을 크게 좌우하는' 세계에 사는 듯합니다. 그들의 분포는 어떠한가 살펴보겠습니다.

[그림 14-2]는 2007년도 국세청 통계연보에 있는 급여소득자의 데이터입니다(100억 엔 이상의 소득이 9세대 있었지만, 금액이 밝혀지지 않아 제외하였습니다). 이것은 양대수그래프라는 것으로, 가로축과 세로축 모두 대수(로그) 단위의 눈금으로 되어 있다는 점에서 보통의 그래프와는 다릅니다. 멱함수분포를 양대수그래프로 표현하면 기울기가 직선이 됩니다. 이 그래프를 보면 확실히 금액이 커지면서 기울기가 직선이 되고 금액이 적어지면서 직선에서 벗어나고 있습니다.

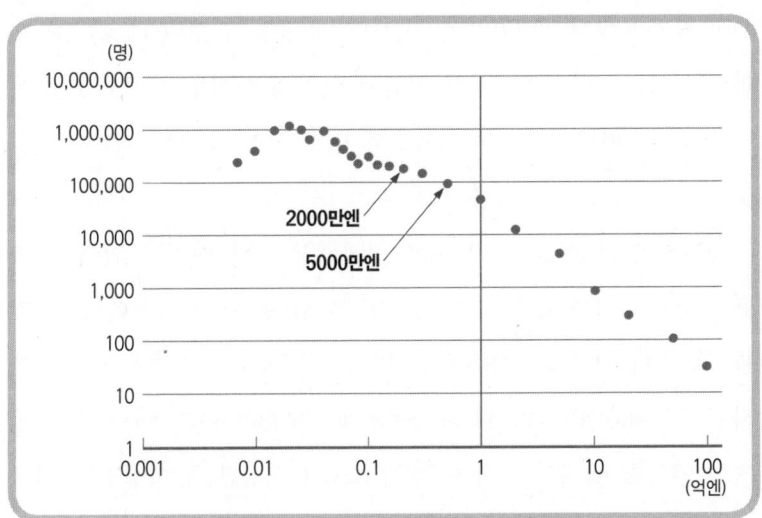

그림 14-2 • 소득분포의 양대수 그래프

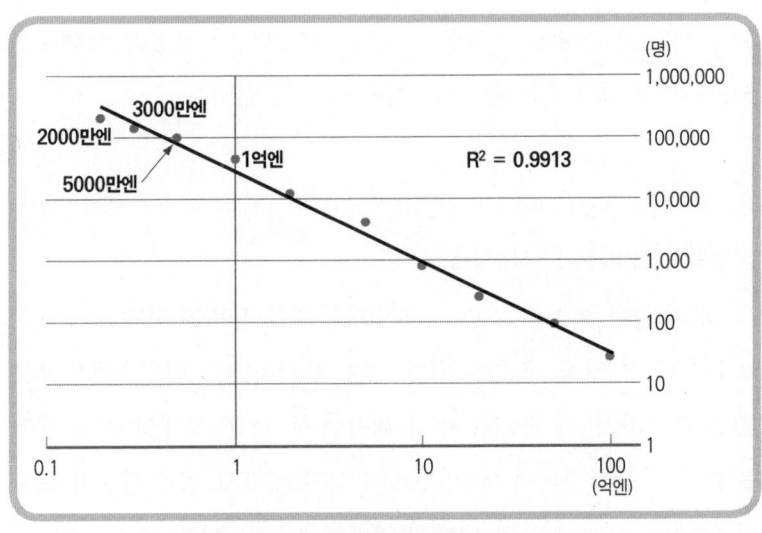

그림 14-3 • 소득 2000만엔 이상인 세대

이 그래프에서 2,000만 엔 이상만 떼어 놓고 보면 [그림 14-3]과 같이 됩니다. 회귀분석의 결과는 그림과 같이 R^2값이 0.9913이나 됩니다. 멱함수분포(이 그래프에서는 직선으로 보이는)에 아주 잘 맞는다는 것을 알 수 있습니다.

그래프를 보면 2,000만 엔은 직선에서 조금 벗어나 있어서, 그곳이 경계인지 모호한 점도 있지만, 3,000만 엔이 되면 완전히 멱함수분포의 세계에 돌입한다고 할 수 있습니다. 이 경우의 파레토 지수는 1.466입니다(그림 14-1의 예에서는 1.6입니다). 이 지수를 앞에서 언급한 식에 적용하면, 대략 소득 6,000만 엔 이상인 세대수는 소득 3,000만 엔 이상인 세대수의 36.2%를 차지한다는 것을 알 수 있습니다.

이 비율은 2,000만 엔 이상이면 어떠한 금액이어도 같습니다. 소득 1억 엔 이상인 세대수는 소득 5,000만 엔 이상인 세대수의 36.2%가 됩니다. 이것은 멱함수분포의 특징입니다.

브레이크 없는 F1 레이스

고소득자의 소득 분포는 왜 멱함수분포를 따르는 것일까요?

소득이 이 정도 수준이 되면 보통 샐러리맨의 급여소득만으로는 불가능하며, 사업소득, 주식 매각액 등 다른 형태의 소득이 있을 것으로 생각합니다. 사업소득, 주식의 매각액 등은 굉장히 변동이 큽니다. 사업이 잘될 때에는 거액의 이익을 얻을 수 있지만, 실패하면 빚을 떠안게 될 수도 있습니다. 주식도 마찬가지입니다.

멱함수분포의 세계는 브레이크 없는 F1 레이스와 같은 것입니다. 부딪히기 전에는 멈출 수가 없고, 저 앞에 있는 곳이 천국인지 지옥인지 알 수 없습니다. 무엇이든 앞서나가기만 하는 세계인 것입니다. 그러한 거친 성질이 소득분포에 반영되어 있다고 생각할 수 있습니다. 이것이 고소득자의 소득분포가 멱함수분포가 되는 한 가지 설명입니다.

그러나 끝까지 파고들어 보면, 멱함수분포의 메커니즘이 완전히 해명되었다고 할 수 없습니다. 또한, 서민과 고소득자 사이에 틈이 있는 이유도 확실히는 모릅니다.

거꾸로 이야기하자면, 분포를 보니 로그정규분포로 되어 있기 때문에, 배후에 곱셈의 세계가 있다고 생각할 뿐입니다. 어디까지나 설명은 나중에 덧붙인 것이고, 실제로 어떤 메커니즘에 의해 그런 분포가 생겼는지 알 수 없습니다.

사회현상에 그치지 않고, 미시적 메커니즘(여기서는 개인의 소득이 결정되는 체계)에는 밝혀지지 않은 것이 많습니다. 예를 들어 섭씨 0도 이하가 되면 물이 얼게 된다는 것은 어린이도 알고 있습니다. 하지만 이것을 미시적으로 (물 분자들이 어떻게 관계되어 있는지) 설명하는 것은 굉장히 어려워서 지금도 충분히는 알지 못하고 있습니다.

과학은 이처럼 '모르는 것'과 '가설'이 집적된 것입니다.

14장 정리

- 고소득자의 소득분포는 멱함수분포가 됩니다.
- 멱함수분포에서 극단적인 일이 얼마나 일어나기 쉬운지는 파레토 지수가 결정합니다.
- 파레토 지수가 크면 극단적인 일이 일어나기 어렵고, 파레토 지수가 작으면 극단적인 일이 일어나기 쉽습니다.

주가분석은 취급 주의

옆 연구실에서 전화벨이 울리고 있다. 아무도 받지 않아 끊어지더니, 이번엔 소로스의 연구실로 전화가 왔다.

"

소로스 여보세요.

오카네 소로스 교수님이십니까? 저는 주식회사 캐피탈 스탁스에서 근무하는 오카네라고 합니다.

소로스 뭔가 대단한 분께서 전화를 주신 것 같군요. 무슨 일이십니까?

오카네 투자신탁과 관련하여 안내를 드리려고 합니다.

소로스 소로스에게 투자신탁 상품을 팔겠다니, 과연.

오카네 네?

소로스 아닙니다. 잠깐 시간이 되니까 말씀이라도 들어볼까요?

오카네 감사합니다. 소로스 교수님은 통계학 교수님이시니까, 저희 회사의 투자기술을 설명해 드린 후, 이해가 가신다면 구체적인 상품 안내를 드려도 되겠습니까?

소로스 투자기술이라……, 그렇죠. 어떤 것인가요?

오카네 교수님도 알고 계시겠지만, 주가는 정규분포를 따르고 있습니다.

소로스 잠깐만요. 주가가 정규분포를 따른다고요?

오카네 아! 실수입니다. 주가의 변화율입니다.

소로스 주가의 변화율이 정규분포를 따른다고요?

오카네 네, 그렇습니다.

소로스 그렇게 생각하는 사람이 가끔 있는데요, 엄밀하게 보면 정규분포를 따른다고 할 수 없어요. 주가의 변화율에 '로그'를 취한 것이 대략 정규분포를 따르는 것이죠. 그러니까 정확하게 말하면 로그정규분포를 따릅니다.

오카네 네? 그런 것이었습니까?

소로스 나한테 배우고 있으면 어쩌자는 겁니까? 전문가 선생.

오카네 죄송합니다. 아직 신입이라, 전화하는 것도 서툴러서(눈물).

소로스 울지는 마시고요.

오카네 정말 죄송합니다. 이야기를 들어주시는 분도 처음이라서.

소로스 전문가 선생을 위해 덧붙이자면, 주가의 끝 부분은 로그정규분포도 아니에요.

오카네 교수님, 잠깐만요. 노트를 꺼내겠습니다.

소로스 아, 네. (나는 왜 투자 권유 전화에 강의하고 있을까.)

오카네 준비되었습니다!

소로스 주가는 대략 로그정규분포이지만, 변동이 큰 부분은 의외의 확률이 높은 '멱함수분포'로 되어 있습니다. 서로 다른 분포가 섞여 있는 것이지요.

오카네 그렇군요.

소로스 그러면 지금부터 멱함수분포에 대해 설명하겠습니다. 꼬리가 멱함수분포를 따른다는 것은 '주가가 x 이상(혹은 이하) 될 확률이 x의 (절댓값의) 제곱이나 세제곱에 반비례한다.'라는 것입니다. 실제로는 2나 3처럼 깔끔한 정수가 되지 않고 2.3이나 3.1과 같은 어중간한 숫자가 됩니다. 이것을 파레토 지수라고 합니다.

오카네 거듭제곱한 후에 나눈다는 말씀인가요?

소로스 그렇습니다. 그래서 이러한 분포의 끝 부분은 로그정규분포보다 훨씬 두껍습니다. 완만하게 줄어드는 것이지요. 그래서 두꺼운 꼬리(fat tail)라고도 합니다. 파레토 지수가 크면 꼬리는 얇아지고, 파레토 지수가 작으면 반대로 꼬리는 두꺼워집니다.

오카네 그렇군요. 처음 알았습니다.

소로스 투자기술이라는 멋진 말을 하려면, 이 정도는 알고 영업하시는 것이 좋다고 생각합니다만.

오카네 죄송합니다. 공부가 부족했음을 뼈저리게 느끼고 있습니

소로스	다. 그래서 저 이 일, 그만두려고 합니다.
소로스	뭐라고요? 소리가 작아서 잘 안 들립니다.
오카네	교수님 말씀을 들으니, 투기는 안 좋은 것 같아서요. 돈은 노동의 대가이지, 자본을 굴려서 돈을 버는 것은 잘못된 게 아닌가 하고(눈물).
소로스	그렇다고 울지는 마세요. (내 얘기를 듣고, 왜 그런 생각을 할까?)
오카네	아닙니다. 정말 감사합니다. 덕분에 정신 차렸습니다. 혁명을 일으키고 싶습니다.
소로스	혁명이요? 네, 힘내시기 바랍니다. 마르크스 씨.
오카네	감사합니다! (눈물)
소로스	(난 뭘 하고 있는 걸까.)

시세변동의 법칙

이번 장에서는 주가의 시세변동을 살펴보면서 앞 장에서 설명한 내용을 보충합니다. 로그정규분포와 멱함수분포에 대해서는 앞 장과 이번 장을 읽으면 개략적인 내용은 이해할 수 있을 것입니다.

언뜻 보면 주가의 시세변동은 앞 장에서 언급한 소득과 전혀 다른 현상처럼 느껴집니다. 소득은 개인이 노력한 결과이지, 주식 같은 일종의 도박(다른 의견도 있겠지만)과는 다르다는 의견이 있을 것입니다.

그 진상을 살펴보겠습니다.

통계를 좋아하는 사람에게 주가는 상당히 매력적인 분석대상입니다. 주식의 시세 변동 법칙을 파악하기만 하면, 큰돈을 벌 수 있다고 야심을 키우는 분도 있겠지요.

주가가 결정될 때에는, 세계의 어디선가 팔고 싶은 사람과 사고 싶은 사람이 서로 누군지도 모른 채 매매하고 있습니다. 당연한 말이지만 팔고 싶은 사람과 사고 싶은 사람은, 같은 주식의 시세변동에 대해서 정반대의 예상을 하고 있다는 것입니다. 신기하지 않습니까? 주가라는 가격이 만들어지는 것 자체가 가장 미스터리 같습니다.

주가의 분포는

주가 모형을 생각할 때, 우리는 여러 가지 가정을 해야 합니다.

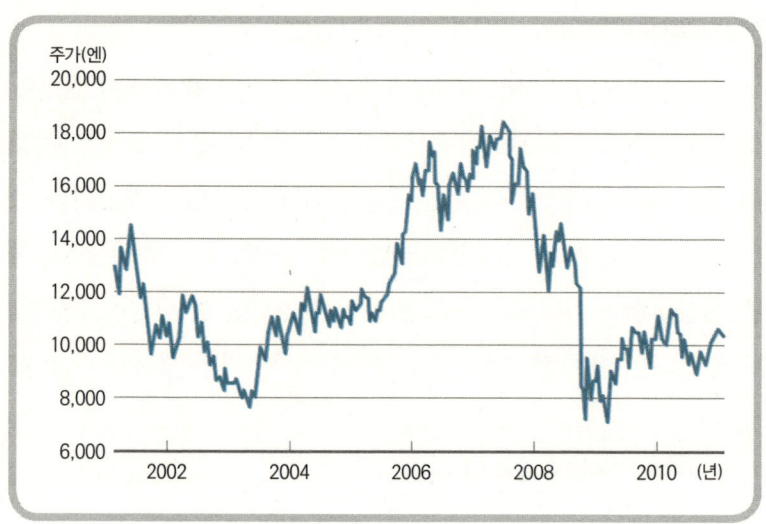

그림 15-1 • 닛케이지수의 10년간 주가변동

먼저 주가는 음(-)이 되지 않는다고 생각하기 때문에 '주가가 음(-)이 될 확률은 0'이어야 합니다. 이로부터 '주가의 변화율이 정규분포를 따른다.'라는 가정은 적당하지 않습니다. 왜냐하면, 정규분포에서는 '음(-)의 값이 될 확률은 언제나 0보다 크기' 때문입니다.

'응? 이 가정은 너무 까다로운데?'라고 생각할지도 모르겠네요. '지금까지 키가 정규분포한다, 시험점수가 정규분포한다고 했으면서, 키나 시험점수가 음(-)이 될 수 없잖아.'라고 하면서.

날카로우십니다! 옳은 말씀입니다.

키나 시험점수가 정규분포를 따른다고 이 책에서 몇 번이나 언급했지만, 그것은 어디까지나 근사한다는 이야기였습니다. 특히 시험점수는 대략적인 근사일 뿐, 실제로는 5장에서 본 것처럼 비뚤어지는 형태가 꽤 많습니다. 시험점수를 정규분포에 대응시킨 것은 다분히 편의적이었습니다.

한편, 키는 정규분포에 꽤 훌륭하게 근사할 수 있습니다. 2006년 현재 25~29세의 일본인 남성의 평균 키는 172.19cm이고, 표준편차는 5.51cm입니다. 172.19cm는 표준편차가 약 31개만큼 있는 것입니다. 그런데 '평균 키에서 표준편차 10개분 이상 작은 키' 즉 117.09cm 이하인 사람이 나올 확률은, 100만×100만×100만×10만분의 1보다 작습니다. 따라서 음(-)이 되는, 평균에서 표준편차 31개분 이상 더 작아질 확률은, 표준편차 10개분 이상 작아질 확률보다 훨씬 낮으므로 0이라고 생각해도 무방합니다.

그런데 주가는 표준편차가 평균 주가(키의 분포일 때는 평균 키에 해당)에 비해 상당히 큽니다. 따라서 정규분포 모형을 적용하면 키의 경우와 다르게, 음(-)이 될 확률이 무시할 정도로 작지 않습니다. 그래서 처음부터 절대 음(-)이 될 수 없는 분포를 상정해야 합니다.

시장에 숨어있는 악마의 정체

0이 되지 않는 (0이 될 확률이 0인) 모형 중에서 가장 대표적인 것이 로그정규분포 모형입니다.

로그정규분포는 비교적 확인하기 쉬우므로, 실제로 닛케이 평균

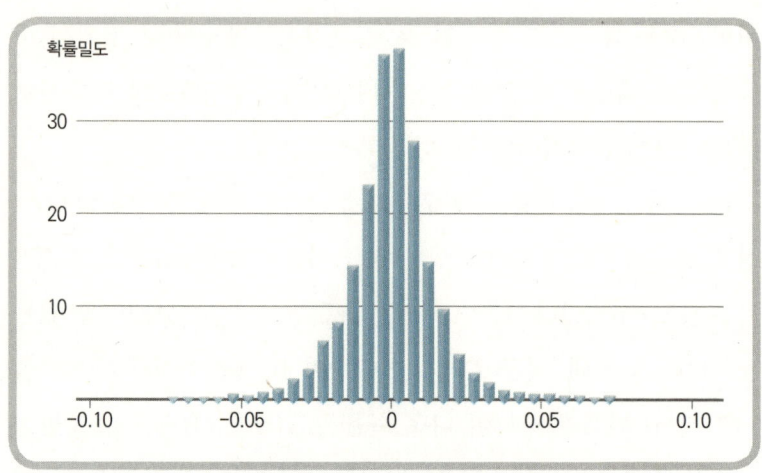

그림 15-2 • 닛케이225지수를 (자연)로그차분한 히스토그램
(1984년 1월 4일~2010년 12월 15일의 종가)

데이터를 로그차분한 값으로 히스토그램을 그려보았습니다. '로그차분'한다는 것은, 전일 종가와 당일 종가의 비율에 로그를 취한 것입니다.

13장에서 본 바와 같이 주가의 변화가 로그정규분포를 따른다면, 그것을 로그차분한 값은 정규분포를 따르게 됩니다. [그림 15-2]는 1984년부터 2010년까지의 주가 변동 데이터를 로그차분하여 그린 것입니다. 거의 0을 중심으로 대칭에 가까운 분포를 하고 있음을 쉽게 확인할 수 있습니다. 실제로 정규분포에 '대체로' 잘 근사하고 있습니다. 이는 주가변동 모형 중에서 가장 널리 쓰이고 있는 것으로, 유명한 블랙·숄즈 평가식(옵션이라고 불리는 금융 파생상품의 가격 결정공식)에서도 가정되어 있습니다.

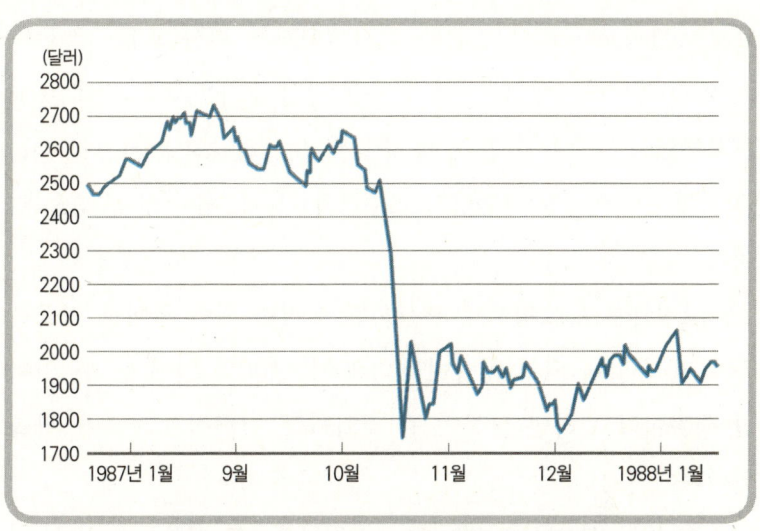

그림 15-3 • 블랙 먼데이 당시의 다우지수 변동

하지만 주가변동의 분포를 신중하게 살펴보면, 그렇게 단순한 이야기가 아니라는 것을 알 수 있습니다.

주가 변동률 분포의 꼬리를 자세히 보면, 그 악마의 '멱함수분포'가 또 숨어 있습니다. 멱함수분포의 세계에서는 '극단적인 일'도 일어납니다. 단기간의 변동이 매우 클 수도 있다는 것입니다. 예를 들어 1987년에 일어난 블랙 먼데이가 바로 그렇습니다(그림 15-3).

오늘날에는 주가가 로그정규분포에 의해 이론적으로 예측된 것보다, 훨씬 더 급격하게 변할 수 있다는 사실이 잘 알려졌습니다.

극적인 예로 잘 알려진 것은, 멱함수분포 해석으로 유명한 만델

브로트(Mandelbrot)가 언급한 알카텔이라는 회사(현재는 알카텔·루슨트사)입니다. 1998년 9월 알카텔 사의 주가는 하루 만에 40% 하락하였고, 그 후 며칠 만에 추가로 6% 하락하였습니다. 이는 '알카텔 주가의 1일 변동량의 표준편차보다 10배나 더 큰 변동'입니다.

로그정규분포 모형으로 생각하면 이러한 일이 일어날 확률은 7.6×10^{-24}밖에 되지 않습니다. 100억×300억 년에 한 번 일어날 확률이라고 하면 상상이 될 것입니다. 극단적으로 작은 확률입니다.

표준편차 6배 이상의 변동도 로그정규분포로 계산하면, 10억 년에 한 번밖에 일어나지 않을 것입니다. 하지만 지난 100년 동안에 몇 번이나 일어났습니다.

블랙 먼데이도 예상 범위 안

언뜻 보기에 주가의 분포는 시기에 크게 의존하는 것 같습니다. 짧은 시간에는 변화가 많아도, 긴 시간으로 보면 잔잔한 변화일 뿐이라고 생각할 수 있습니다. 하지만 실제로는 그렇지 않습니다. 시간 단위를 1분부터 1개월까지 변화시켜도 모양이 변하지 않는 보편적인 형태의 분포가 있습니다. 이에 관한 연구결과를 봅시다.

과학잡지의 최고봉인 「네이처」에 게재된 '금융시장의 변동에서 멱함수법칙 이론'이라는 논문이 있습니다. 이 논문은 'Trade and

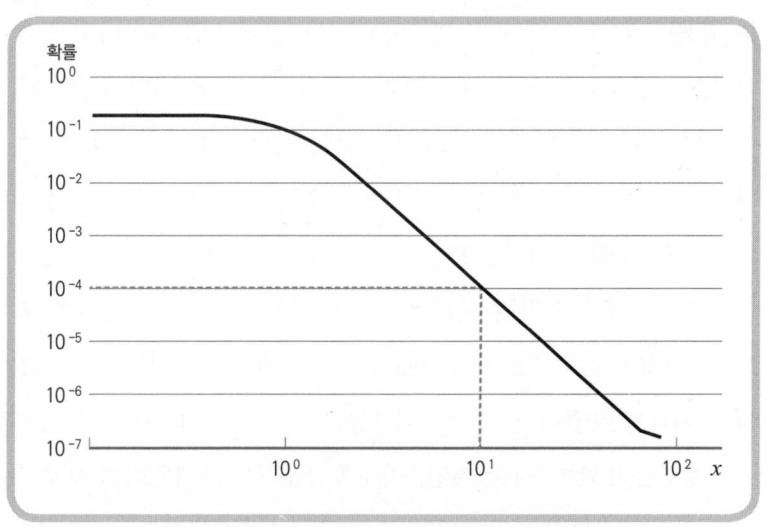

그림 15-4 • 15분 간격의 주가변동이 x보다 클 확률

Quote'라는 데이터베이스에 있는, 1994년부터 95년까지의 기간 동안 규모로 1,000위 이내에 있는 회사의 주가를 분석하였습니다.

[그림 15-4]는 15분 간격의 주가 변동(정확하게는 주가를 로그차분한 값의 절댓값)이 x보다 클 확률입니다. 조금 어렵지만 데이터를 읽는 방법을 설명하면, 그림에서 x는 표준편차를 1단위로 로그 변환한 것입니다. 세로축은 확률인데 가로축과 마찬가지로 로그 변환한 것입니다.

이 데이터를 보고 알 수 있는 사실은 '주가의 꼬리 부분은 확실히 멱함수분포로 되어 있다.'라는 것입니다.

먼저 표준편차의 10배(10^1배)에 해당하는 부분을 읽으면 대응하는 확률은 약 10^{-4}입니다. 즉 10,000×15분에 1번 일어나고 있습니다. 1일을 24시간으로 환산하면 104일 정도밖에 되지 않습니다. 주식시장은 24시간 내내 열려있는 것이 아니므로, 104일에 1번이라는 비율은 실제로 시장이 개장된 일수는 아닙니다. 하지만 상당한 빈도라고 할 수 있습니다.

'이것은 15분 단위일 때의 이야기일 뿐이잖아.'라고 생각할 수도 있습니다. 놀랍게도 이 그래프는 시간 단위를 변화시켜도 모양이 변화하지 않습니다.

그래프는 15분 단위였지만, 이것을 1분부터 1개월까지 변화시켜도 모양이 변하지 않습니다. 1929년 세계대공항과 1987년의 블랙 먼데이를 포함한 기간에도 안정적인 값이라는 것입니다. 즉 2번의 역사적인 대폭락도 통계적으로는 예상 범위 안에 있던 것입니다.

시어핀스키 삼각형

[그림 15-5]는 시어핀스키 삼각형(Sierpinski Gasket)이라고 불리는 프랙탈 도형입니다.

전체를 반으로 줄인 도형이 안에 있고, 그것을 다시 반으로 줄인 도형이 그 안에 있습니다. 부분과 전체가 같은 모양(프랙탈 구조)을 한 것입니다. 조금 신비롭지 않습니까?

앞에서 주가의 변동 분포가 시간 단위를 1분에서 1개월까지 변

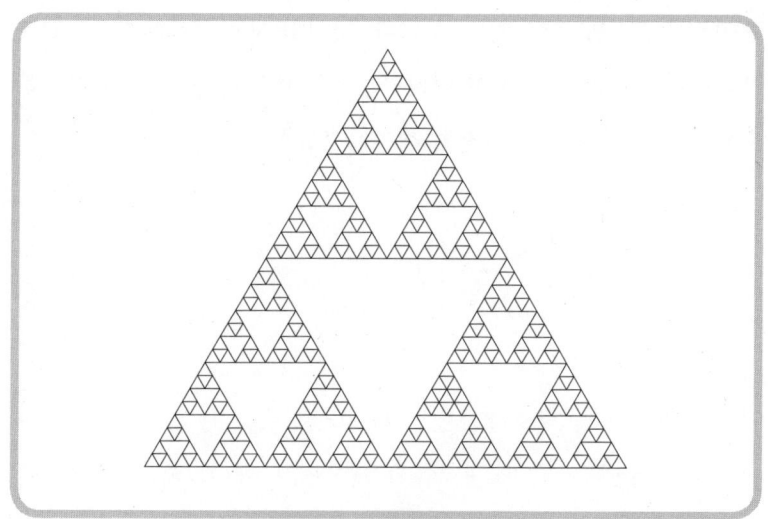

그림 15-5 • 시어핀스키 삼각형

화시켜도 같은 모양을 하고 있다고 하였는데, 그것은 시어핀스키 삼각형을 2분의 1, 4분의 1, 8분의 1로 변경해도 같은 모양을 하고 있다는 것과 유사합니다. 주가변동의 분포도 1분, 15분, 1개월 단위로 보면 같은 모양을 하고 있기 때문입니다.

이것은 주가의 꼬리 분포가 프랙탈 도형이라고 불리는 것과 유사한 구조로 되어 있다는 사실을 나타냅니다. 앞에서 설명한 것과 같이 1일 단위로 볼 경우, 표준편차의 10배에 해당하는 변동이 일어날 확률은 10,000일에 1회에 해당합니다. 1년을 365일로 단순 환산했을 경우, 27~28년에 1번 일어난다고 계산됩니다.

그러므로 주가의 꼬리 부분의 확률분포는 로그정규분포와는 동

떨어진 분포 즉, 멱함수분포입니다. 이처럼 보편적이라 할 수 있는 멱함수분포가 어떻게 해서 나타났는지는 아직 모릅니다. 멱함수분포의 미스터리는 언제 완전히 해명될까요?

15장 정리

- 주가는, 변동이 작은 곳에서는 로그정규분포를 따릅니다.
- 주가는, 변동이 큰 곳에서는 멱함수분포를 따릅니다.
- 주가의 분포는, 변동이 큰 곳에서는 시간 단위를 1분, 15분, 1개월과 같이 변화시켜도 같은 모양을 하고 있습니다.
- 멱함수분포가 나타나게 되는 메커니즘은 여전히 불명확한 점이 많습니다.

16장. 세계기록은 어디까지 경신될까?

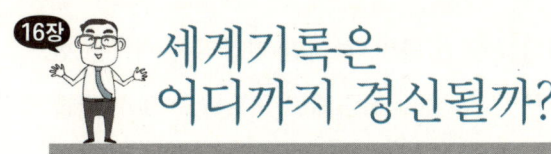

텔레비전으로 세계육상선수권대회를 보고 있는 소로스 가족, 개막식에 감동 받았다.

히로미 두근두근해! 이번엔 어떤 멋진 장면을 볼 수 있을까?

모아 나는 기록이 깨질 수 있을지가 궁금해. 인류가 어디까지 할 수 있는지 궁금하다니까.

소로스 대부분 종목이 한계에 가까운 기록이 나온 모양이던데.

모아 에이, 아직 아니야. 인류의 가능성을 믿고 있거든.

히로미 하긴 오랜 시간 뛰어왔으니, 슬슬 한계에 도달했다고 해도 이상한 건 아니네.

모아 아냐, 아직 더 할 수 있어. 지금까지 몇 번이고 기록을 경신해왔잖아.

소로스 기록이야 경신되고 있긴 하지. 하지만 인간의 신체에는 한계가 있어. 아무리 열심히 노력해도, 사람이 100미터를 9초 안에 달리는 일은 없을 거야.

모아 그런 걸 어떻게 알아?

소로스 그걸 예측한 논문이 있거든.

히로미 설마, 또 통계 이야기하려고?

소로스 '인간이 있는 곳에 통계가 있다.' 입니다. 하하.

모아 대단한데? 어떻게 예측했대? 인류의 한계를 알 수 있어?

소로스 극값 통계라는 이론이 있어. 최고기록의 분포를 알 수 있지.

모아 우와, 통계학은 뭐든지 하는구나. 아빠가 대단하다는 생각이 드는데?

히로미 착각이야, 착각.

소로스 모처럼 듣기 좋은 말인데 그냥 내버려둬.

모아 그런데 '극값'이 뭐야?

소로스 최댓값이나 최솟값이야. 말 그대로 극단적인 값이지. 예를 들어 100미터 달리기의 세계기록은 여러 선수의 기록 중에서 최솟값이고, 높이뛰기의 경우는 최댓값이지.

모아 아하.

소로스 극값이 어떤 형태로 분포하고 있는지를 이론적으로 계산해서, 세계기록 데이터에 적용하지. 그것을 이용해서 한계를 예측하는 거야.

모아 그래서? 예측한 결과는 어떻게 됐어?

소로스 '남자 100m 달리기는 9초 29까지, 여자 마라톤은 2시간 6분 34초까지 가능하다.'라고 나와.

히로미 9초 29만 해도 대단한 것이지. 그래도 9초 안으로는 안 되는 구나. 여자 마라톤은 아직 경신의 여지가 많이 있는 거네?

소로스 아마도.

모아 다른 종목은 어때?

소로스 그다지 경신되지 않을 것 같아.

모아 아쉽네. 그렇지만 기록이 경신되지 않는다고 딱 정해진 건 아니잖아?

소로스 물론 그렇지.

히로미 스포츠의 묘미는 기록만이 아니야. 마라톤은 몇 번을 봐도 감동적이잖아.

모아 그러게 그냥 그저 달리고 있을 뿐인데도.

소로스 아니야, 마라톤도 뜻밖에 머리싸움이라고. 통계적으로 생각해보면.

히로미 또 통계 이야기 하려고? 이제 경기 시작한다고요.

〞

꼬리를 잡아라!

최댓값과 최솟값의 분포는 여러 곳에서 나타납니다. 대화편에서 소개한 100미터 달리기 세계기록(최솟값)은 물론 최장수명(최댓값) 도 극값분포의 예입니다.

주위에서 볼 수 있는 다른 예로, 최대강수량의 예측 등에도 이용되고 있습니다. 이는 재해방지의 관점에서도 중요합니다. 일정 기간의 강수량이 한계를 넘어가면 강이 범람하게 되고, 때로는 큰 피해가 발생할 수도 있습니다. 일본 기상청의 '이상기상 리스크맵'을 보면 극값분포를 응용하여 최대강수량을 예상하는 방법이 설명되어 있습니다. 하천 기술자들은 이러한 이론을 공부하여 우리를 재해로부터 안전하게 지켜주고 있는 것입니다.

이러한 추정방법은 굉장히 복잡하지만, 핵심적인 부분만 소개하겠습니다.

2006년 12월 산케이신문에 '육상 남자 100m 9초 29가 한계?

수학자가 예측'이라는 기사가 게재되었습니다.

그 내용은 남자 100m 달리기 기록은 9초 29까지 경신될 가능성이 있지만 남자 마라톤은 한계에 가깝다. 여자 마라톤은 아직 8분 이상 기록이 경신될 가능성이 있다는 것입니다.

이것은 틸부르흐 대학의 통계학자 존 아인말(John Einmahl) 교수와 같은 대학의 계량경제학자 얀 매그너스(Jan Magnus)의 연구 결과입니다. 그들은 세계기록을 예측하기 위해 극값통계 이론을 사용하였습니다. 어떤 식으로 접근한 것일까요?

극값통계 이론에서는 극값분포라는 것을 사용합니다. 극값분포의 형태를 결정하는 과정에서는 '극값 인덱스'라는 지표가 매우 중요한 역할을 합니다. 극값 인덱스란 EVI(extreme-value index)라고도 하는데, 특히 극값분포의 꼬리 형태를 결정합니다. EVI를 이해하기 위해, 극값분포의 형태가 EVI에 따라 어떻게 변하는지를 살펴보겠습니다.

[그림 16-1]은 EVI가 음(-)일 때의 형태입니다. 값에 따라 조금씩 변화하지만, 어느 것이든 꼬리가 잘리면서 0이 되어버립니다. 이러한 특성 덕분에 인류의 한계를 추정할 수 있는 것입니다.

트리니티 정리

[그림 16-1]은 EVI가 음(-)인 경우라고 하였습니다. EVI가 0이거나 양(+)인 경우에는 다른 형태가 됩니다. EVI가 음(-)일 때, 0일

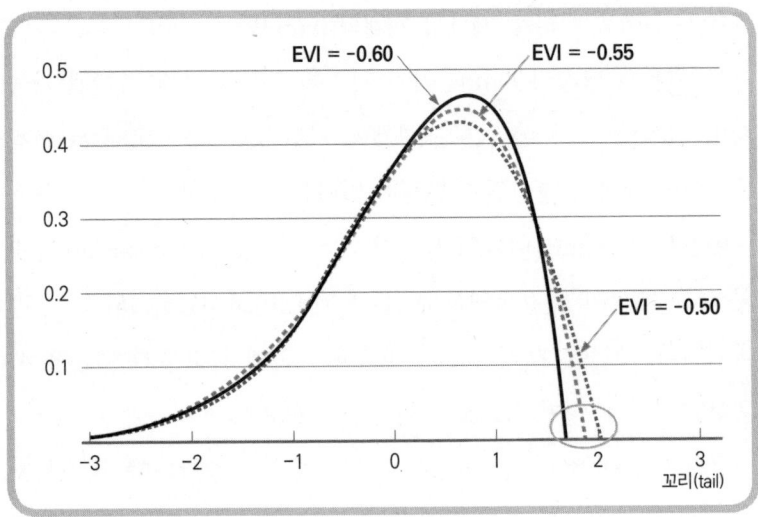

그림 16-1 • EVI값과 극값 분포 형태

때, 양(+)일 때의 그림 세 가지를 나열하면 [그림 16-2]가 됩니다.

극값분포의 세 가지 유형을 트리니티(trinity) 정리라고 합니다. 각각 발견한 사람의 이름을 붙여, 음(-), 0, 양(+)에 해당하는 것을 각각 와이불(Weibull) 분포, 검벨(Gumbel) 분포, 프렛세(Frechet) 분포라고 합니다.

교과서적인 설명은 생략하겠습니다. 핵심적인 것은 EVI 값에 따라 분포의 형태가 변한다는 사실입니다.

또한 [그림 16-2]는 최댓값의 분포입니다. 예를 들어 높이뛰기 세계기록은 2m 45cm가 '최댓값'에 해당합니다. 반대로 100m 달리기는 9초 74처럼 기록의 '최솟값'이 관심 대상인데, 이 경우는

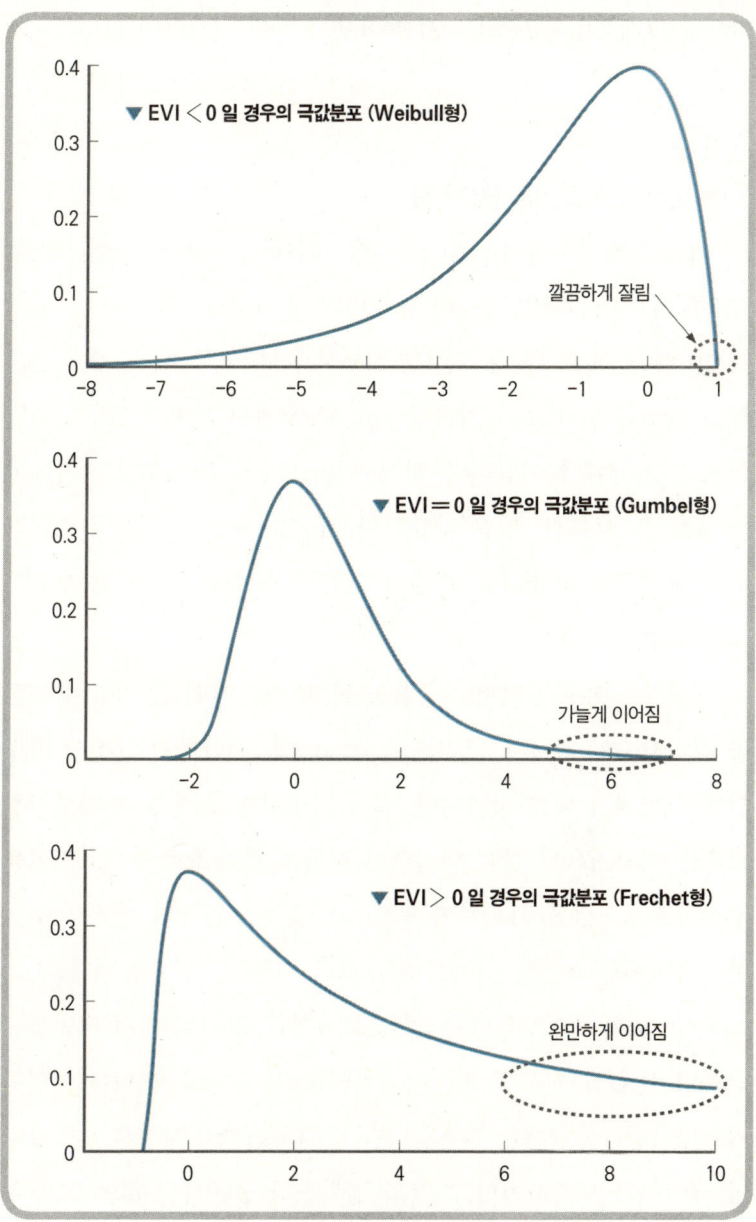

그림 16-2 • 극값 분포의 세 가지 유형

최댓값 그래프인 [그림 16-2]를 좌우를 바꿔 생각하면 됩니다.

예측 가능한 일, 불가능한 일

EVI를 추정하여 끝점(end point)을 계산하는 기본적인 접근법을, 간단하게 이야기하면 다음과 같습니다.

높이뛰기 최고기록의 추이를 보면, 기록이 서서히 한계에 접근하고 있습니다. 최초의 기록인 1m 80cm에서 갑자기 2m가 되는 식으로 한 번에 늘어납니다. 하지만 2m 20cm 정도부터는 기록이 큰 폭으로 갱신되는 일은 적습니다. 2m 30cm를 넘어가면 조금씩밖에 늘어나지 않습니다. 그만큼 인류의 한계에 가까워지고 있기 때문입니다.

[그림 16-3]과 같이 EVI가 음(-)일 때에는 어떤 값 이상이 되면 뚝 끊어져 0이 됩니다. 그러므로 이 끝점을 계산하면 그것이 바로 인류의 한계가 되는 것입니다. 대략 설명하면, 아인말과 매그너스 교수는 최고기록의 간격 데이터와 기록의 편차를 바탕으로 EVI를 추정하고, 그 값을 사용하여 분포의 끝점 즉, 인류의 한계를 추정한 것입니다.

한편 EVI가 0 이상(EVI≥0)인 분포에서는, 꼬리의 굵기는 변하지만 끝점이 없습니다. 즉 기록이 무한대까지 늘어날 수 있다는 것이 됩니다. 이는 불합리한 결과입니다. 만약 EVI가 0 이상으로 나왔다면 데이터가 부족하거나, 기록의 정확도가 충분하지 않아서, 추정

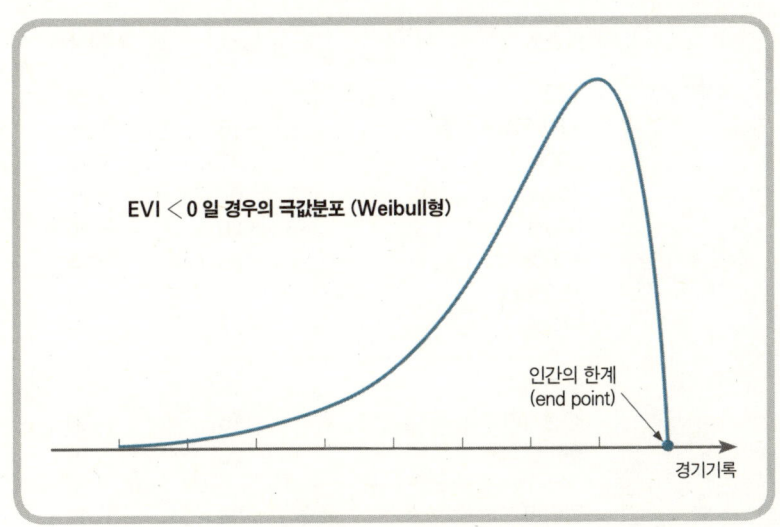

그림 16-3 • 인간의 한계

하기에는 정보가 부족하다는 것을 의미합니다. 끝점의 추정도 당연히 불가능합니다.

아인말과 매그너스는 지금까지의 육상경기 기록을 분석하여 극값 인덱스를 추정하였습니다. 결과는 [표 16-1]과 같습니다.

추정 결과에 따르면, 남자 멀리뛰기의 EVI가 양(+)입니다. 즉 해당하는 극값분포가 꼬리가 완만하게 이어지는 형태인 프렛세(Frechet) 분포라는 것을 의미합니다. 그러므로 남자 멀리뛰기에 대해서는 끝점을 추정할 수 없습니다. 그러나 다른 모든 종목에서는 EVI가 음(-)입니다. 즉 해당하는 극값분포가 꼬리가 깔끔하게 잘리는 와이불(Weibull) 분포로서 끝점을 추정할 수 있습니다.

종목		남자	여자
달리기	100m	-.11	-.14
	110/100m 허들	-.16	-.25
	200m	-.11	-.18
	400m	-.07	-.15
	800m	-.20	-.26
	1500m	-.20	-.29
	10000m	-.04	-.08
	마라톤	-.27	-.11
던지기	포환던지기	-.18	-.30
	창던지기	-.15	-.30
	원반던지기	-.23	-.16
도약	멀리뛰기	.06	-.07
	높이뛰기	-.20	-.22
	장대높이뛰기	-	-

표 16-1 • EVI 추정결과

와이불 분포의 예언

와이불(Weibull) 분포의 특성을 이용하면 경기기록의 상한을 계산할 수 있습니다.

논문에서는 970개의 기록을 분석하여 예상되는 '상한'을 계산하고 있습니다(표 16-2). 표를 보면 슬슬 한계가 보이는 종목과 그렇지 않은 종목을 확인할 수 있습니다. 여자 마라톤의 최고기록은 2시간 6분 35초까지 줄일 수 있다는 계산이 나와 있습니다.

이 예측이 훌륭하게 적중할까요? 아니면 인류가 이론을 뛰어넘는 힘을 발휘하여 한계를 돌파하게 될까요?

종목		남자		여자	
		상한	세계기록	상한	세계기록
달리기	100m	9.29	9.74	10.11	10.49
	110/100m 허들	12.38	12.88	11.98	12.21
	200m	18.63	19.32	20.75	21.34
	400m	–	43.18	45.79	47.60
	800m	1:39.65	1:41.11	1:52.28	1:53.28
	1500m	3:22.63	3:26.00	3:48.33	3:50.46
	10000m	–	26:17.53	–	29:31.78
	마라톤	2:04.06	2:04.26	2:06.35	2:15.25
던지기	포환던지기	24.80	23.12	23.70	22.63
	창던지기	106.50	98.48	72.50	71.70
	원반던지기	77.00	74.08	85.00	76.80
도약	멀리뛰기	–	8.95	–	7.52
	높이뛰기	2.50	2.45	2.15	2.09

표 16-2 • 각 종목에 해당하는 인간의 한계

16장 정리

- 최댓값과 최솟값의 분포는 극값분포가 됩니다.
- 극값분포의 모양은 EVI(극값 인덱스)에 의해 결정됩니다.
- EVI 값에 의해, 꼬리의 모양이 와이불 분포(깔끔하게 잘리는 형태), 검벨 분포(가늘게 이어지는 형태), 프렛세 분포(완만하게 이어지는 형태)로 분류됩니다.
- 극값분포를 이용하여 육상경기 등의 기록 한계를 예측할 수 있습니다.
- 극값통계는 최대강수량의 예측 등에도 이용되어 우리의 삶을 지켜주고 있습니다.

17장 세계는 나눌 수 없다

가족이 모여 텔레비전으로 '시사 스페셜 – 세계금융위기, 붕괴는 예측할 수 없었나'를 보고 있다.

> 〃

모아 리먼 쇼크나 서브프라임 쇼크는 미국의 이야기지?

소로스 그렇지, 각각은.

모아 그런데 어째서 전 세계가 괴로워진 거야? 왜 일본까지 혼나는 거지?

소로스 일본의 상황이 나빠진 것은 세계금융위기 때문만은 아니야. 그래도 미국의 국내 문제로 세계가 혼란스러워지는 것은 이상하긴 해.

모아 그렇지? 관련된 책을 읽어봐도 뭔가 이해가 되질 않아. 알긴 알겠는데, 뭔가 이상하더라고. 갚을 수 없는 사람에게 그렇게 많은 주택담보대출을 해주고, 결국 갚지 못한 사람이 늘어나서 공황에 빠졌다는 이야기지? 당연한 얘기 아냐?

소로스 맞아. 지난 후에 보면 '왜 그런 것도 몰랐을까?' 하는 이야기지. 이 문제가 복잡해진 것은 '증권화'때문이야.

모아 맞아, 증권화. 강의에서 배웠어. 서브프라임 론의 대부분을 월스트리트에 있는 은행과 증권회사가 사서, 그것을 적당히 섞어서 증권화한 후에 세계 각국으로 팔아치운 거지? 이걸로 세계는 대혼란에 빠졌고.

소로스 응. 서브프라임 론에 문제가 많다는 인식은, 사실 90년대 말부터 있었지만, 2006년 말에 3개월 이상 연체율이 13%를 넘었어. 이때 확실히 눈에 들어왔다고 봐. 2007년 4월에 뉴센츄리파이낸셜이 파산하고, 증권회사 베어스턴스 산하의 펀드가 파산했을 때, 큰일이라고 생각했지만, 미국 내의 문제일 뿐이라고 생각한 사람이 많았지.

모아 다음에 또 무슨 일이 일어났지?

소로스 8월에 프랑스에서 파리바 쇼크가 일어났어. BNP파리바은행이 서브프라임 증권화 상품에 투자한 산하 펀드를 동결해서 큰 문제가 되었지.

모아 맞아. 그게 세계금융위기로 이어진 거구나.

소로스 그렇게 된 거지. 그 경위는 마치 위기가 불똥이 튀는 것과 같아. 주가와 같이 보면 압권이지(그림 17-1).

모아 호오, 정말이네.

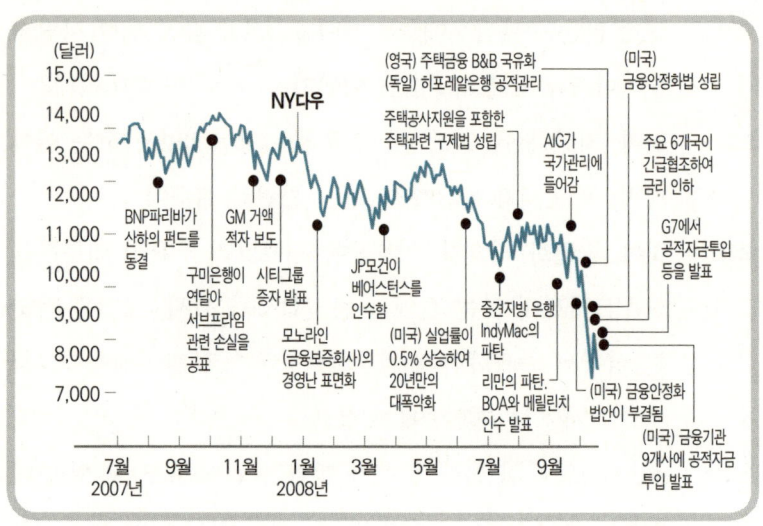

그림 17-1 • 세계금융위기와 다우평균주가의 변동 (출처: 월간동양경제)

소로스 위기가 표면화했을 때부터 단 1년 사이에 벌어진 일이라니 불가사의하지.

모아 세계는 이어져 있구나.

소로스 그렇지. 이런 일이 있으니까, 주식투자는 어려워. 멱함수분포의 세계가 얼마나 거친지는 우리들의 상상을 뛰어넘지.

모아 세계화가 무서운 면도 있구나.

소로스 그래. 메커니즘은 이런 위기가 일어난 후가 아니면 알 수 없지. 세계화 때문에 국가적인 사건이 세계를 뒤흔들 가능성이 높아진 건 사실이야.

모아 그러면 규제를 해야 하는 거네?

소로스 그건 알 수 없지. 여기저기 규제가 들어가면 전체적으로 어떻게 될지는 알 수 없으니까.

모아 규제를 강화한다면, 이 정도로 큰 위기는 없어질 수 있는 거 아냐?

소로스 그것도 모르는 거야. 규제 때문에 이상한 일이 일어날 가능성도 있어. 예를 들어 지금 문제가 되고 있는 비정규직 고용을 전면적으로 금지시키면 이상적인 상태가 될 거라고 생각하지? 그렇지만 기업으로서는 큰 손해를 볼 일은 하고 싶지 않으니까, 일본에서 사람을 고용하지 않고 해외로 나가서 그쪽 사람을 고용하게 되어 버리지. 금융은 더 복잡해서, 무슨 일이 일어날지 예상하는 것은 정말 어려워.

모아 골치 아픈 이야기네.

소로스 규제로 돈의 흐름이 어떻게 될지는 누구도 모르니까. 그래도 그 배후에 있는 메커니즘은 산불과 매우 비슷한 것 같아……(중얼중얼).

모아 또 노트에 알 수 없는 수식을 쓰고 있네. 아빠는 통계를 좋아하는구나, 정말로.

〞

끝으로 멱함수분포가 나타나는 구조를 이해하고 나면, 힌트를 얻을 수 있는 이야기를 하겠습니다.

프로그래밍에 익숙한 분은 이번 장을 읽고, 어떤 시뮬레이션을

하면 좋을지 알게 될 수도 있습니다. 또한, 비즈니스 아이디어나 머릿속에 어떤 수리모형을 떠올리는 분도 있지 않을까 기대하고 있습니다.

금융시장에 숨어있는 악마의 정체를 함께 생각해 보겠습니다.

금융위기의 음모

서브프라임 문제로 시작된 세계금융위기는 순식간에 대혼란을 일으켰고 세계 경제에 심각한 피해를 줬습니다.

뒤돌아보면 미국의 집값은 21세기 들어서부터 지속해서 상승했습니다(그림 17-2). 그러나 2006년에 최고점을 찍고 가격이 내려

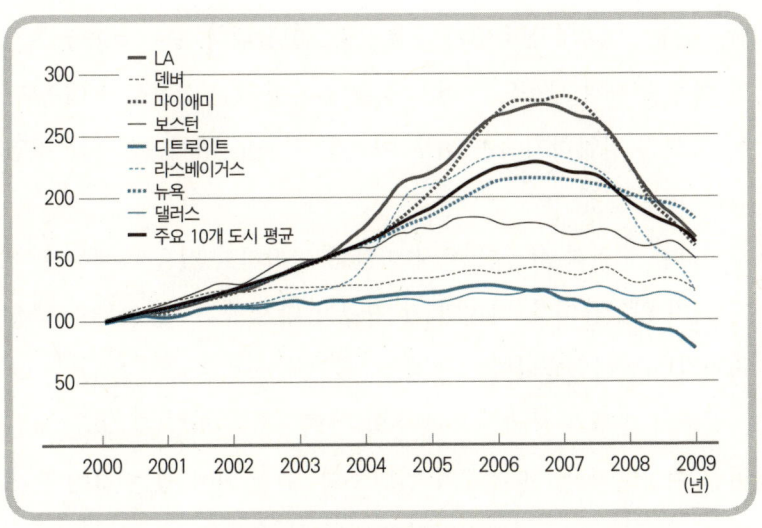

그림 17-2 • 미국 주택가격 추이

가기 시작하였습니다. 주택 버블이 붕괴한 것입니다.

　서브프라임 론을 빌린 사람들은 일반적인 주택담보대출 심사에서는 통과할 수 없는 신용이 낮은 사람입니다. 하지만 집값의 상승세가 이어지는 한, 다소 무리가 있는 대출이라도 곧 더 좋은 조건으로 갈아탈 수 있다고 믿고 대출을 받은 것입니다.

　과거 일본에서도 이와 유사한 토지 버블과 붕괴가 있었습니다. 그러나 이번 미국 주택 버블은 일본의 예와 달리, 회수불능의 위험을 분산시키기 위해 증권화한 후 세계 각국의 금융기관에 팔아버린 것입니다.

　증권화 상품이 점점 복잡해지면서 리스크에 대한 판단이 무척 어려워졌습니다. 예를 들어 문제가 발생하기 직전에 주택대출담보증권(RMBS)의 신용평가는 트리플 A(AAA)였고, 같은 시기에 채무담보증권(CDO)의 신용평가도 트리플 A였습니다. 모두 트리플 A지만 실은 후자의 신용도가 더 낮았습니다. 문제는 신용도가 더 낮다는 사실을 파악하기에는 너무 어려운 구조로 되어있었다는 것입니다.

　이러한 증권화 상품도 주택 버블이 이어지고 있을 때에는 문제가 되지 않았습니다. 하지만 그 거품이 터진 순간, 전 세계로 금융위기가 확산하였습니다.

　거품의 발생과 붕괴는 자본주의 사회에서는 피할 수 없는 보편적인 현상이지만, 전 세계가 긴밀하게 '연결'되어 있는 것이 문제를 이 정도로 크게 만들어버린 것입니다. 이 '연결'이 바로 멱함수분포의 배후에 있는 메커니즘을 해명하는 열쇠가 됩니다.

산불의 혜택 – 반비례 법칙

[그림 17-3]은 무슨 그래프일까요?

정답은, 미국 오레곤(Oregon)주에서 1989년부터 1996년까지 8년간, 2주마다 산불이 발생한 횟수(세로축은 정확하게는 그 수치에 루트를 취한 값)를 기록한 것입니다. 산불이 주기적으로 발생했음을 알 수 있습니다.

대화편에서 소로스는 '금융과 산불의 메커니즘은 비슷할지도 모른다.'라고 중얼거렸습니다. 이 말은 무슨 의미일까요?

자연에서 산불은 불가결한 현상입니다. 산림이 무성하게 우거

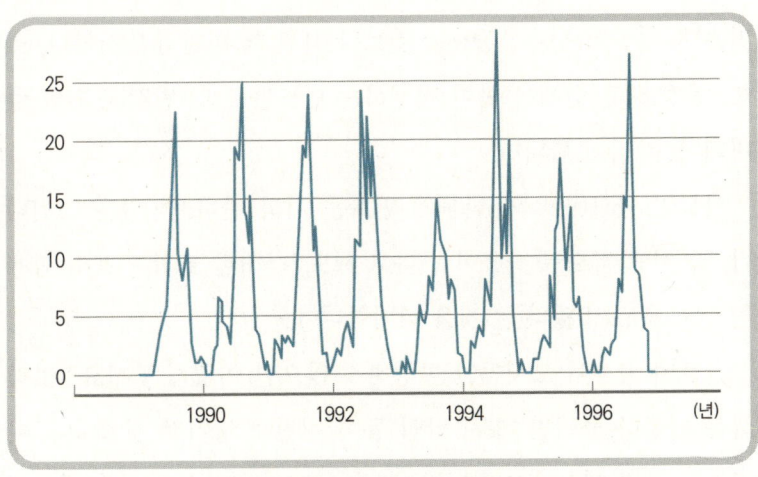

그림 17-3 · 이것은 무슨 그래프?

져 있으면, 지면 가까이 햇빛이 닿지 않습니다. 하지만 산불이 나면 타버린 곳에는 빛이 들게 되고, 타버린 낙엽이나 작은 가지 같은 유기물은 그 후에 자라나는 식물의 영양분이 됩니다. 더욱이 해충도 사멸하고 수목이 다시 자라기에 알맞은 환경이 준비됩니다.

그뿐 아니라 산불을 이용하여 더 잘 번식하는 식물도 있습니다. 로지폴 소나무라는 식물은 2종류의 씨앗이 있습니다. 하나는 평범하게 발아하지만, 다른 하나는 표면이 딱딱하여 평상시에는 발아하지 않다가 산불이 나 고온이 되면 발아합니다. 산불이 난 후에 번식하기 유리한 토양을 이용하는 것입니다.

대규모 산불과 소규모 산불 중 어느 쪽이 더 일어나기 쉬운가 하면, 당연히 소규모 산불입니다. 소실면적이 크면 클수록 그 빈도는 낮아집니다.

그러나 과학잡지 「사이언스」에 게재된 연구로는, "빈도가 낮아지는데, 일반적으로 상상하는 것보다 훨씬 더 천천히 일어난다. 또한, 일정 시간 안에 산불이 발생하는 빈도는 소실 면적에 거의 반비례한다."라고 합니다.

산불의 규모(면적)와 산불의 빈도는 거의 반비례한다는 것입니다. 즉 어떤 식으로 산불이 난다고 해도 '타버린 토지 면적의 합계는 크게 다르지 않다'는 것을 의미합니다.

그런데 산불이 오랫동안 발생하지 않으면 어떻게 될까요? 말라 죽은 나무나 쓰러진 나무, 낙엽 등이 지면에 쌓여갈 것입니다. 이 것들을 목질 연료라고 합니다. 목질 연료가 대량으로 쌓인 대지에

불이 붙으면 급속도로 타들어 갈 것입니다. 그 결과 탄 면적이 같더라도 자연에 주는 영향은 큰 차이가 납니다. 목질 연료가 별로 쌓이지 않은 상태라면 타버린 수목은 토양의 영양분이 됩니다. 그러나 목질 연료가 너무 많으면 지면까지 남김없이 태웁니다.

즉 소규모 산불이 자주 발생하는 쪽이 자연에는 더 좋다고 할 수 있습니다. 산불이 나지 않도록 노력하는 것이 오히려 문제를 더 심각하게 할 수도 있습니다. 미국은 이러한 사실을 알고, 무리하게 산불을 방지하는 것을 그만두었다고 합니다. 현명한 판단입니다.

또한, 이 연구에는 '소실면적과 빈도의 관계는 거의 반비례한다.'라고 쓰여 있습니다. 이는 산불이 일종의 멱함수분포를 따른다는 것을 의미하며, 그래서 '극단적으로 큰 규모의 산불도 쉽게 일어날 수 있다'는 것이기도 합니다.

물론 세계금융위기는 산불 정도로 단순한 현상은 아닙니다. 그러나 불똥이 튀는 방법이나, 쌓인 모순이 한꺼번에 드러나면서 큰 피해를 낳는다는 점은 멱함수분포적입니다.

작은 세상

산불은 어디선가 발화하면, 가까운 나무에 불이 옮겨붙으면서 불이 퍼집니다. 금융의 경우는 산림처럼 가까이에 있는 위기(산림으로 말하자면 나무)가 눈에 보이는 것이 아닙니다. 그러나 금융상의 여러 가지 '연결'을 그래프로 표현해 보면, 산불과 비슷한 점이 보

그림 17-4 • 산불의 메커니즘

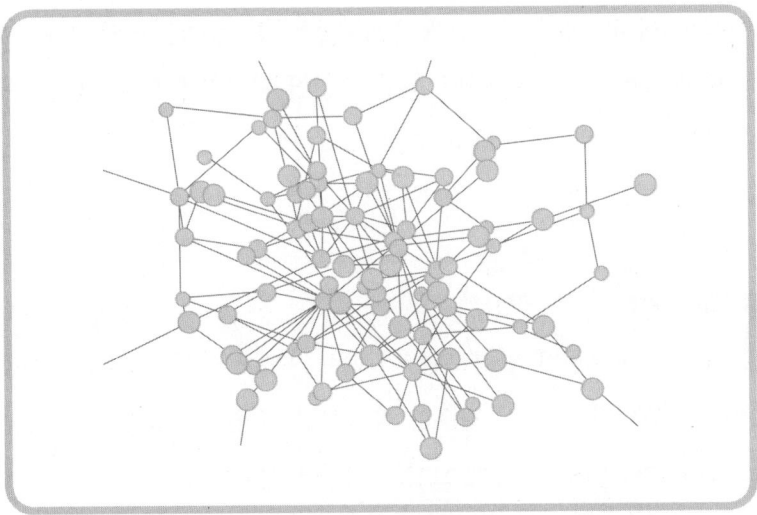

그림 17-5 • 금융 네트워크

입니다.

  다음 아이디어는 제가 처음으로 생각한 것은 아닙니다. 「일본은 행리뷰」에 실린 '국제금융 네트워크에서 본 세계적 금융위기' 등에서도 비슷한 모형을 예로 들었습니다.

  [그림 17-5]의 점 하나하나가 각국의 금융기관이라고 생각해주십시오. 그 점들을 이은 선은 금융기관 간의 연결을 나타내고 있습니다. '연결이란 무엇인가'를 엄밀하게 정의하는 것은 어렵지만, 여기에서는 비교적 큰 거래가 있다는 정도의 의미로 생각하시면 됩니다.

  그래프에서 표현된 금융네트워크는 실제 거리와는 관계가 없습니다. 서로 연결되어 있는지 아닌지의 문제일 뿐입니다. 어딘가의 금융기관에서 사건이 발생하면 연결된 곳의 금융기관에 영향을 줍니다. 산불에서 불이 번지는 것과 같습니다. 금융기관이 서로 밀접하게 연결되어 있을수록, 한 곳에서 일어난 사건이 전체적으로 영향을 미칠 가능성이 높아집니다.

  이번에는 사회 네트워크에 관한 연구를 살펴봅시다.

  지금까지의 연구에 따르면 사람 간의 네트워크에는 '작은 세상(small world)'이라고 불리는 특성이 있습니다. 많은 사람이 평균적으로 6~7명밖에 떨어져 있지 않다는 것입니다.

  마음대로 선택한 2명이 어느 정도의 인간관계로 연결되어 있는지 조사해봅니다. 누구라도 상관없습니다. 버락 오바마와 저를 선택해도 되고, 로마 교황과 이웃집 다나카 씨를 선택해도 됩니다.

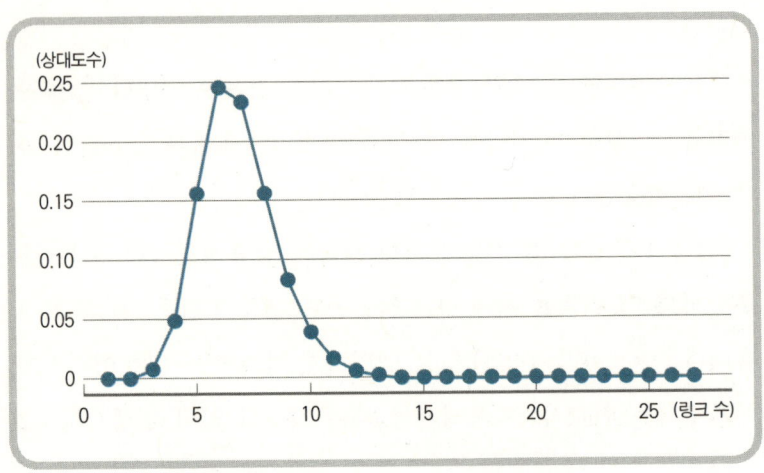

그림 17-6 • 블로그 간의 최단거리(링크 수) 분포

각각 지인들을 조사하고, 그 지인의 지인을 조사하는 식으로 계속 연결하는 것입니다. 그리고 2명이 연결되었을 때의 간격을 평균해 보니, 약 6명이라는 사실을 알게 되었습니다. 단지 6명의 지인을 건너는 것만으로, 오바마와 제가 서로 연결될 수 있다는 것입니다. 경이롭습니다.

이러한 경향을 보이는 것은 인간관계만이 아닙니다. [그림 17-6]은 무작위로 고른 두 개의 블로그가 몇 번의 클릭으로 서로 연결되는지를 조사한 결과입니다. 가장 많이 관찰된 것은 6번의 클릭이고, 평균은 그것보다 조금 많은 6.84입니다. 어떤 블로그와 블로그라도 6번의 클릭으로 서로 연결되는 것이 가장 많고, 평균 적으로는 약 7번의 클릭으로 서로 연결된다는 것입니다.

만약 이러한 특성이 금융기관이 연결된 네트워크에도 적용된다면 '한 개의 금융기관에서 발생한 사건이 전체로 퍼질 가능성이 꽤 크다.'라는 것이 됩니다.

문제는 이 '금융기관의 네트워크(실제로는 다른 기업이나 정부도 관계되어 있어서 더 복잡하지만)가 어떤 식으로 연결되어 있는지, 그 실상을 거의 알지 못한다'는 것입니다. 금융 네트워크의 구조를 완전히 이해하게 된다면, 산불처럼 문제가 커지기 전에 적당히 작은 금융위기가 발생하도록 내버려둬서, 피해가 심각해지는 것을 방지할 수 있을지도 모릅니다.

새로운 시대

산불의 예로부터 생각해 볼 수 있는 것이 한 가지 더 있습니다. 경쟁력을 잃은 기업에 세금을 투입하는 등 무리하게 연명시키는 것은 분명히 좋은 일은 아니라는 것입니다.

산불이 주기적으로 일어나는 것은, 새로운 싹을 키우기 위해 고목이 산불에 타 쓰러질 필요가 있다는 것을 의미합니다. 시대가 변함에 따라 새로운 상황에 적응하지 못한 기업이 퇴장하지 않으면, 시대에 적응한 기업이 성장하지 못하는 것은 아닐까요? 낡은 시스템을 무리하게 연명시킨 결과, 경제 상태는 더 심각해지고, 되돌릴 수 없는 대붕괴를 초래할 수도 있습니다.

진정한 우량기업은 몇 번이고 다시 태어납니다. 작은 실패가 있어도 지금까지의 낡은 자신을 없애면, 새로운 시대에 적응할 수 있습니다.

마치 쌓인 목질 연료가 한 번에 타오르는 것처럼.

거짓을 간파하는 통계학

초판 1쇄 발행 2013년 11월 15일
초판 4쇄 발행 2020년 6월 15일

지은이 가미나가 마사히로
옮긴이 서영덕·조민영
디자인 표지 이기준·본문 김수미

펴낸이 윤지환
펴낸곳 윤출판
등록 2013. 2. 26. 번호 제2013-000023호
주소 경기도 성남시 분당구 불곡남로 21번길 3, 1층
전화 070-7722-4341 팩스 0303-3440-4341
전자우편 yoonpub@naver.com

ISBN 979-11-950883-1-7   03410

* 파본은 구입하신 서점에서 바꾸어 드립니다.
* 값은 표지에 있습니다.

이 도서의 국립중앙도서관 출판사도서목록(CIP)은 e-CIP 홈페이지(http://www.nl.go.kr/ecip)와 국가자료 공동목록시스템(http://www.nl.go.kr/kolisnet)에서 이용하실 수 있습니다. (CIP 제어번호:CIP2013021131)